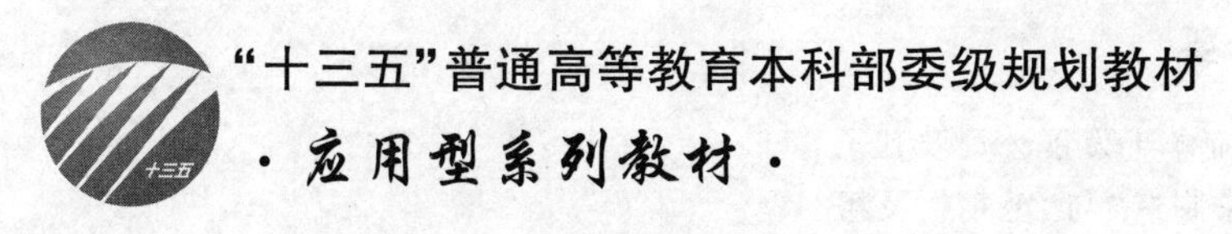

"十三五"普通高等教育本科部委级规划教材

·应用型系列教材·

总主编　吴国华

毛条制造与纺纱

澳大利亚羊毛发展公司及其子公司　著

高晓艳　曲延梅　刘美娜　潘　峰　张国生　译

中国纺织出版社有限公司

内 容 提 要

《毛条制造与纺纱》根据澳大利亚羊毛发展公司及其子公司组织的羊毛教育课程中的“毛条制造”与“毛精纺及粗纺”两个模块的授课内容翻译整理而成。

本书共分两篇。第一篇为毛条制造，主要介绍毛条生产的流程及各流程的主要工艺参数与所用设备、毛条生产中的质量控制与质量保证、TEAM公式、毛条处理等内容；第二篇为纺纱，主要介绍毛精纺纺纱及毛粗纺纺纱的加工过程、纺纱后加工、纺纱过程中的质量控制等内容。

本书应用性较强，适合纺织院校相关专业的师生及从事羊毛相关行业的生产技术人员、管理人员和产品开发人员阅读。

著作权合同登记号：图字：01-2020-7072

图书在版编目(CIP)数据

毛条制造与纺纱/澳大利亚羊毛发展公司及其子公司著；高晓艳等译. --北京：中国纺织出版社有限公司，2021.1

“十三五”普通高等教育本科部委级规划教材.应用型系列教材

ISBN 978-7-5180-8155-4

Ⅰ.①毛… Ⅱ.①澳… ②高… Ⅲ.①毛条(纺织)-毛纺工艺-高等学校-教材②纺纱工艺-高等学校-教材 Ⅳ.①TS134.32②TS104.2

中国版本图书馆CIP数据核字(2020)第216870号

责任编辑：孔会云　　责任校对：寇晨晨　　责任印制：何　建

中国纺织出版社有限公司出版发行
地址：北京市朝阳区百子湾东里A407号楼　邮政编码：100124
销售电话：010—67004422　传真：010—87155801
http://www.c-textilep.com
中国纺织出版社天猫旗舰店
官方微博 http://weibo.com/2119887771
北京市密东印刷有限公司印刷　各地新华书店经销
2021年1月第1版第1次印刷
开本：787×1092　1/16　印张：11.75
字数：224千字　定价：48.00元

Disclaimer

YantaiNanshan University acknowledges that The Woolmark Company is the owner of and has provided the contents of this publication. This publication should only be used as a general aid for students participating in the Woolmark Wool Education Course. It is not a substitute for specific advice. To the extent permitted by law, The Woolmark Company (and its affiliates) excludes all liability for loss or damage arising from the use of the information in this publication.

The Woolmark and Woolmark Blend logos are Certification trade marks in many countries.

The contents of this publication have been translated by YantaiNanshan University.

声明

烟台南山学院知悉，The Woolmark Company 是本出版物的所有人且为本出版物内容的提供者。本出版物应仅被用作一般性辅助材料，为参加 The Woolmark Company 组织的羊毛教育课程的学生提供指导，不可替代具体的教学建议。在法律允许的范围内，The Woolmark Company 对于因使用本出版物信息而发生的损失或损害不承担任何责任。

在许多国家，纯羊毛标志和羊毛混纺标志为认证商标。

烟台南山学院对本出版物的内容进行了翻译。

序

加快应用型本科教材建设的思考

一、应用型高校转型呼唤应用型教材建设

教学与生产脱节，很多教材内容严重滞后于现实，所学难以致用。这是我们在进行毕业生跟踪调查时经常听到的对高校教学现状提出的批评意见。由于这种脱节和滞后，造成很多毕业生及其就业单位不得不花费大量时间进行“补课”，既给刚踏上社会的学生无端增加了很大压力，又给就业单位白白增添了额外培训成本。难怪学生抱怨“专业不对口，学非所用”，企业讥讽“学生质量低，人才难寻”。

2010年颁布的《国家中长期教育改革和发展规划纲要（2010—2020年）》指出，要加大教学投入，重点扩大应用型、复合型、技能型人才培养规模。2014年，《国务院关于加快发展现代职业教育的决定》进一步指出，要引导一批普通本科高等学校向应用技术类型高等学校转型，重点举办本科职业教育，培养应用型、技术技能型人才。这表明国家已发现并着手解决高等教育供应侧结构不对称问题。

2014年3月，在中国发展高层论坛上有关领导披露，教育部拟将600多所地方本科高校向应用技术、职业教育类型转变。这意味着未来几年，我国将有50%以上的本科高校（2014年全国本科高校1202所）面临应用型转型，更多地承担应用型人才，特别是生产、管理、服务一线急需的应用技术型人才的培养任务。应用型人才培养作为高等教育人才培养体系的重要组成部分，已经被提上国家重要的议事日程。

“兵马未动、粮草先行”。应用型高校转型要求加快应用型教材建设。教材是引导学生从未知进入已知的一条便捷途径。一部好的教材既是取得良好教学效果的关键因素，又是优质教育资源的重要组成部分。它在很大程度上决定着学生在某一领域发展起点的远近。在高等教育逐步从“精英”走向“大众”直至“普及”的过程中，加快教材建设，使之与人才培养目标、模式相适应，与市场需求和时代发展相适应，已成为广大应用型高校面临并亟待解决的新问题。

烟台南山学院作为大型民营企业——南山集团投资兴办的民办高校，与生俱来就是一所应用型高校。2005年升本以来，学校依托大企业集团，坚定不移地实施学校地方性、应用型的办学定位，坚持立足胶东，着眼山东，面向全国；坚

持以工为主，工管经文艺协调发展；坚持产教融合、校企合作，培养高素质应用型人才，初步形成了自己校企一体、实践育人的应用型办学特色。为加快应用型教材建设，提高应用型人才培养质量，今年学校推出的包括“应用型教材”在内的“百部学术著作建设工程”，可以视为烟台南山学院升本10年来教学改革经验的初步总结和科研成果的集中展示。

二、应用型本科教材研编原则

应用型本科作为一种本科层次的人才培养类型，目前使用的教材大致有两种情况：一是借用传统本科教材。实践证明，这种借用很不适宜，因为传统本科教材内容相对较多，教材既深且厚，与实践结合较少，很多内容理论与实践脱节。二是延用高职教材。高职与应用型本科的人才培养方式接近，但毕竟人才培养层次不同，它们在专业培养目标、课程设置、学时安排、教学方式等方面均存在很大差别。高职教材虽然也注重理论的实践应用，但“小才难以大用”，用高职教材支撑本科人才培养实属“力不从心”，尽管它可能十分优秀。换句话说，应用型本科教材贵在“应用”二字。它既不能是传统本科教材加贴一个应用标签，也不能是高职教材的理论强化，应有相对独立的知识体系和技术技能体系。

基于这种认识，我认为研编应用型本科教材应遵循三个原则：一是实用性原则。教材内容应与社会实际需求相一致，理论适度、内容实用。通过教材，学生能够了解相关产业企业当前的主流生产技术、设备、工艺流程及科学管理状况，掌握企业生产经营活动中与本学科专业相关的基本知识和专业知识、基本技能和专业技能，以最大限度地缩短毕业生知识、能力与产业企业现实需要之间的差距。烟台南山学院的《应用型本科专业技能标准》就是根据企业对本科毕业生专业岗位的技能要求研究编制的一个基本教学文件，它为应用型本科有关专业进行课程体系设计和应用型教材建设提供了一个参考依据。二是动态性原则。当今社会，科技发展迅猛，新产品、新设备、新技术、新工艺层出不穷。所谓动态性，就是要求应用型教材应与时俱进，反映时代要求，具有时代特征。在内容上应尽可能将那些经过实践检验成熟或比较成熟的技术、装备等人类发明创新成果编入教材，实现教材与生产的有效对接。这是克服传统教材严重滞后于生产、理论与实践脱节、学不致用等教育教学弊端的重要举措，尽管某些基础知识、理念或技术工艺短期内并不发生突变。三是个性化原则。教材应尽可能适应不同学生的个体需求，至少能够满足不同群体学生的学习需要。不同的学生或学生群体之间存在的学习差异，显著地表现在对不同知识理解和技能掌握并熟练运用的快慢及深浅程度上。根据个性化原则，可以考虑在教材内容及其结构编排上既有所有学生都要求掌握的基本理论、方法、技能等“普适性”内容，又有满足不同的学生或学生群体不同学习要求的“区别性”内容。本人以为，以上原则是研编应用型本科教材的特征使然，如果能够长期坚持，则有望逐渐形成区别于研究型人才培养的应用型教材体系和特色。

三、应用型本科教材研编路径

1. 明确教材使用对象

任何教材都有自己特定的服务对象。应用型本科教材不可能满足各类不同高校的教学需求，它主要是为我国新建的包括民办高校在内的本科院校及应用技术型专业服务的。这是因为：近10多年来，我国新建了600多所本科院校（其中民办本科院校420所，2014年数据）。这些本科院校大多以地方经济社会发展为其服务定位，以应用技术型人才为其培养模式定位，其学生毕业后大部分选择企业单位就业。基于社会分工及企业性质，这些单位对毕业生的实践应用、技能操作等能力的要求普遍较高，而不苛求毕业生的理论研究能力。因此，作为人才培养的必备条件，高质量应用型本科教材已经成为新建本科院校及应用技术类专业培养合格人才的迫切需要。

2. 加强教材作者选择

突出理论联系实际，特别注重实践应用是应用型本科教材的基本特征。为确保教材质量，严格选择研编人员十分重要。其基本要求：一是作者应具有比较丰富的社会阅历和企业实际工作经历或实践经验，这是研编人员的阅历要求。二是主编和副主编应选择长期活跃于教学一线、对应用型人才培养模式有深入研究并能将其运用于教学实践的教授、副教授或工程技术人员，这是研编团队的领袖要求。主编是教材研编团队的灵魂，选择主编应特别注重考察其理论与实践结合能力的大小，以及他们是“应用型”学者还是“研究型”学者。三是作者应有强烈的应用型人才培养模式改革的认可度，以及应用型教材编写的责任感和积极性，这是写作态度要求。四是在满足以上条件的基础上，作者应有较高的学术水平和教材编写经验，这是学术水平要求。显然，学术水平高、编写经验丰富的研编团队，不仅能够保证教材质量，而且对教材出版后的市场推广也会产生有利的影响。

3. 强化教材内容设计

应用型教材服务于应用型人才培养模式的改革。应以改革精神和务实态度，认真研究课程要求，科学设计教材内容，合理编排教材结构。其要点如下。

（1）缩减理论篇幅，明晰知识结构。应用型教材编写应摒弃传统研究型或理论型人才培养思维模式下重理论、轻实践的做法，确实克服理论篇幅越来越大、教材越编越厚、应用越来越少的弊端。一是基本理论应坚持以必要、够用、适用为度，在满足本课程知识连贯性和专业应用需要的前提下，精简推导过程，删除过时内容，缩减理论篇幅；二是知识体系及其应用结构应清晰明了、符合逻辑，立足于为学生提供“是什么”和“怎么做”；三是文字简洁，不拖泥带水，内容编排留有余地，为学生自我学习和实践教学留出必要的空间。

（2）坚持能力本位，突出技能应用。应用型教材是强调实践的教材，没有

“实践”、不能让学生“动起来”的教材很难取得良好的教学效果。因此，教材既要关注并反映职业技术现状，以行业、企业岗位或岗位群需要的技术和能力为逻辑体系，又要适应未来一段时期技术推广和职业发展要求。在方式上应坚持能力本位、突出技能应用、突出就业导向；在内容上应关注不同产业的前沿技术、重要技术标准及其相关的学科专业知识，把技术技能标准、方法程序等实践应用作为重要内容纳入教材体系，贯穿于课程教学过程，从而推动教材改革，在结构上形成区别于理论与实践分离的传统教材模式，培养学生从事与所学专业紧密相关的技术开发、管理、服务等工作所必需的意识和能力。

(3) 精心选编案例，推进案例教学。什么是案例？案例是真实典型且含有问题的事件。这个表述的含义：第一，案例是事件。案例是对教学过程中一个实际情境的故事描述，讲述的是这个教学故事产生、发展的历程。第二，案例是含有问题的事件。事件只是案例的基本素材，但并非所有的事件都可以成为案例。能够成为教学案例的事件，必须包含问题或疑难情境，并且可能包含解决问题的方法。第三，案例是典型且真实的事件。案例必须具有典型意义，能给读者带来一定的启示和体会。案例是故事但又不完全是故事，其主要区别在于故事可以杜撰，而案例不能杜撰或抄袭，案例是教学事件的真实再现。

案例之所以成为应用型教材的重要组成部分，是因为基于案例的教学是向学生进行有针对性的说服、引发思考、教育的有效方法。研编应用型教材，作者应根据课程性质、内容和要求，精心选择并按一定书写格式或标准样式编写案例，特别要重视选择那些贴近学生生活、便于学生调研的案例，然后根据教学进程和学生理解能力，研究在哪些章节，以多大篇幅安排和使用案例，为案例教学更好地适应案例情景提供更多的方便。

最后需要说明的是，应用型本科作为一种新的人才培养类型，其出现时间不长，对它进行系统研究尚需时日。相应的教材建设是一项复杂的工程。事实上从教材申报到编写、试用、评价、修订，再到出版发行，至少需要3~5年甚至更长的时间。因此，时至今日完全意义上的应用型本科教材并不多。烟台南山学院在开展学术年活动期间，组织研编出版的这套应用型本科系列教材，既是本校近10年来推进实践育人教学成果的总结和展示，更是对应用型教材建设的一个积极尝试，其中肯定存在很多问题，我们期待在取得试用意见的基础上进一步改进和完善。

烟台南山学院常务副校长

吴国华

2016年国庆节于龙口

前言

本书是根据澳大利亚羊毛发展公司及其子公司组织的羊毛教育课程中的“毛条制造”与“毛精纺及粗纺”两个模块的授课内容翻译整理而成的。

本书共设计为两篇十七章，第一篇为毛条制造，包括第一章至第八章，主要介绍毛条生产的工艺流程、初加工、精纺梳毛工序、针梳工序、精梳工序、用原毛性能预测毛条性能、毛条的质量保证、毛条处理；第二篇为纺纱，包括第九章至第十七章，主要介绍毛精纺系统和毛粗纺系统、精纺纺纱用毛条的制备、精纺环锭纺、精纺环锭纺的变化与替代、粗纺系统纺纱前的准备、粗纺纺纱、半精纺纺纱、纺纱后加工、纺纱中的质量控制。其中，毛条生产和纺纱过程中各个工序的工艺为本书的重点内容。

本书既适合纺织院校相关专业的学生使用，也可供从事羊毛相关行业的生产技术人员、管理人员和产品开发人员参考，还可作为教师教学的指导用书。

本书的编译人员及分工如下。第一篇：第一章至第三章由烟台南山学院高晓艳、刘美娜整理翻译，第四章、第五章由山东南山智尚科技股份有限公司潘峰、烟台南山学院王晓整理翻译；第六章至第八章由烟台南山学院曲延梅、闫琳整理翻译；第二篇：第九章、第十章由烟台南山学院高晓艳和曲延梅整理翻译，第十一章至第十四章由烟台南山学院高晓艳、王娟整理翻译，第十五章至第十七章由烟台南山学院侯如梦、姜亚琳整理翻译。第一篇由曲延梅、潘峰统稿并最后定稿，第二篇由高晓艳、张国生统稿并最后定稿。

由于译者水平有限，书中难免存在不足与错误，敬请读者批评指正。

译　者

2020年6月

目录

第一篇　毛条制造

第二篇　纺纱

第一篇　毛条制造

第一章　毛条加工概述

学习目标：

1. 了解与毛条制造相关的原毛的性能。
2. 掌握毛条主要的性能指标。
3. 掌握毛条厂的职能。

羊毛产品的市场占有率取决于消费者的需求和时尚流行的需求。

时装设计者设计不同的羊毛服装以满足时尚前沿和消费者的需求。织布厂生产满足时装设计者要求的机织物和针织物。纺纱厂（包括精纺厂和粗纺厂）生产满足织布厂要求的纱线。毛条厂将含脂羊毛（原毛）加工成符合纺纱厂要求的毛条。牧民通过饲养羊、管理牧场，为毛条厂提供符合要求的原毛。如果以上羊毛生产链中的各个环节能够有效衔接，则能够满足消费者的需求且促进羊毛产业的长远发展。

第一节　羊毛生产系统概述

羊毛纱线的生产工艺主要有以下三种。

1. 精纺工艺

使用细度细、长度中等的羊毛，一般用于生产轻质细腻的羊毛织物，生产流程中有精梳工序，先将原毛加工成精梳毛条，再将毛条纺成纱线。

2. 粗纺工艺

使用长度短的羊毛或粗长羊毛，一般用于生产厚重的羊毛织物，生产流程中没有精梳工序。

3. 半精纺工艺

所使用的羊毛原料必须非常清洁，不含有植物性杂质，一般使用粗长羊毛（如新西兰羊毛、英国羊毛），生产流程中没有精梳工序，所使用的设备与精纺工艺的类似，但所生产的纱线性能与精纺纱线不同。

第二节　与毛条生产相关的原毛的性能

羊毛的种类不同，其性能也不同。生产工艺的选择、生产设备的种类以及最终产品的质量都取决于所使用的羊毛性能。

对于毛条生产者，原毛的关键性能包括纤维的平均直径、直径的离散程度、卷曲、平均长度、长度的离散程度、平均强力、强力的离散程度、植物性杂质含量、颜色。此外，羊毛的表面性能（如摩擦性能）也会影响其加工过程，而且取决于纤维的含水量。在澳大利亚，原毛的这些性能是由澳大利亚羊毛检验局（AWTA）用国际毛纺组织（IWTO）的标准进行取样并测试，检测后 AWTA 会将检测结果形成一份证书，如图 1-1 所示。除了 AWTA，还有其他的国际检测组织，如新西兰羊毛检验局（NZWTA）、南非羊毛检验局（WTBSA）等。

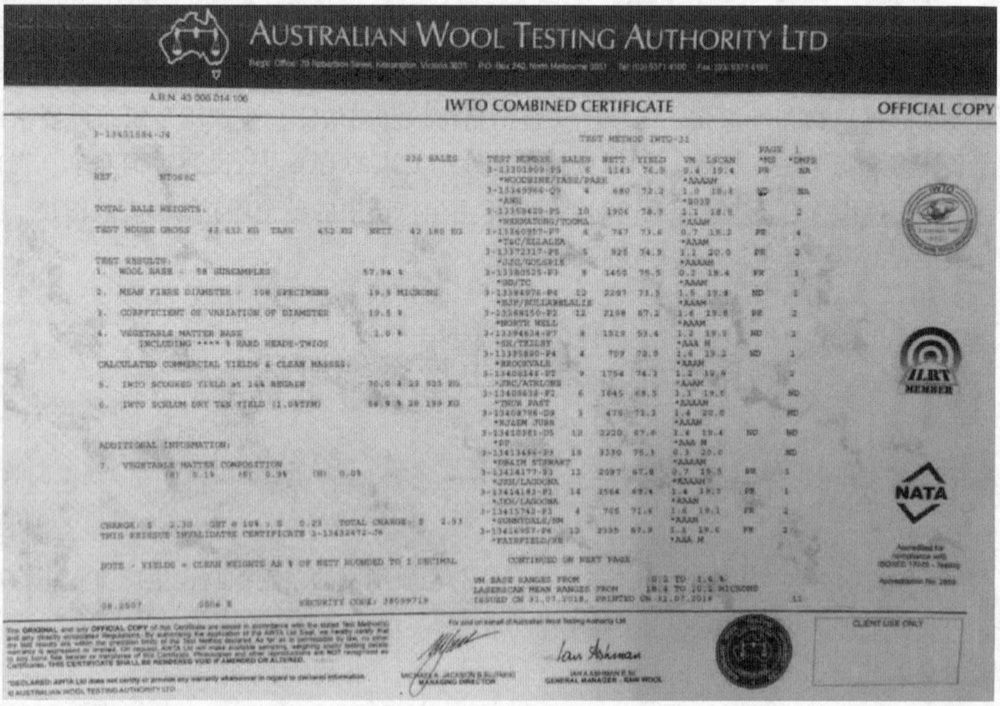

AUSTRALIAN WOOL TESTING AUTHORITY LTD

A.B.N. 43 006 014 106

IWTO COMBINED CERTIFICATE　　OFFICIAL COPY

TEST METHOD IWTO-31　　PAGE 1

236 BALES

TOTAL BALE WEIGHTS.

TEST RESULTS:

1. WOOL BASE - 58 SUBSAMPLES　57.94 %

2. MEAN FIBRE DIAMETER - 108 SPECIMENS　19.5 MICRONS

3. COEFFICIENT OF VARIATION OF DIAMETER　19.5 %

4. VEGETABLE MATTER BASE　1.0 %
INCLUDING **** % HARD HEADS-TWIGS

CALCULATED COMMERCIAL YIELDS & CLEAN MASSES.

5. IWTO SCOURED YIELD at 16% REGAIN

6. IWTO SCHLUM DRY TOP YIELD

ADDITIONAL INFORMATION:

7. VEGETABLE MATTER COMPOSITION

NOTE - YIELDS = CLEAN WEIGHTS AS % OF NETT ROUNDED TO 1 DECIMAL

CONTINUED ON NEXT PAGE

NATA

CLIENT USE ONLY

图 1-1　AWTA 检验证书

一、羊毛纤维的平均直径

直径是羊毛纤维最重要的性能，因为羊毛的平均直径可以决定由其纺成的纱线的细度以及最终织物的重量，而且对羊毛产品或服装的柔软性和手感也有很大影响。澳大利亚的牧民正在采取措施使其生产的羊毛纤维更细，因为轻质服装越来越流行、贴身穿着的内衣对柔软性的需求增加、加工速度的提高以及劳动力成本的增加。

同一批羊毛样品中，纤维的直径是不同的，即使是同一只羊身上的羊毛，直径也是不同的，其直径呈一定的分布，如图 1-2 所示。羊毛纤维的直径分布可以用激光扫描仪、OFDA、显微镜等仪器进行测试。羊毛纤维直径的分布（离散程度）对其加工过程也有很重要的影响。

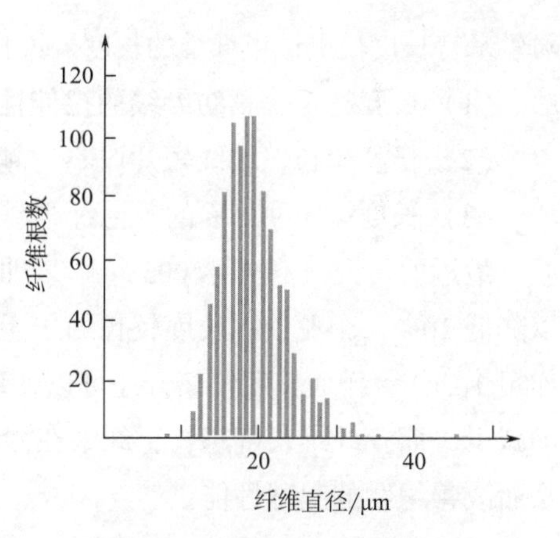

图 1-2　羊毛纤维的直径分布

二、羊毛纤维的卷曲

卷曲是指羊毛纤维波浪状的形式，如图 1-3 所示。卷曲的程度可以用主观法（如视觉评价法）、单位长度内的卷曲数来进行测试，也可以通过测试纤维的屈曲状态来进行测试，用激光扫描法或 OFDA 法测试羊毛的直径特征时，可以同时测试纤维的屈曲状态。羊毛纤维越细，卷曲越明显，且卷曲数越多。

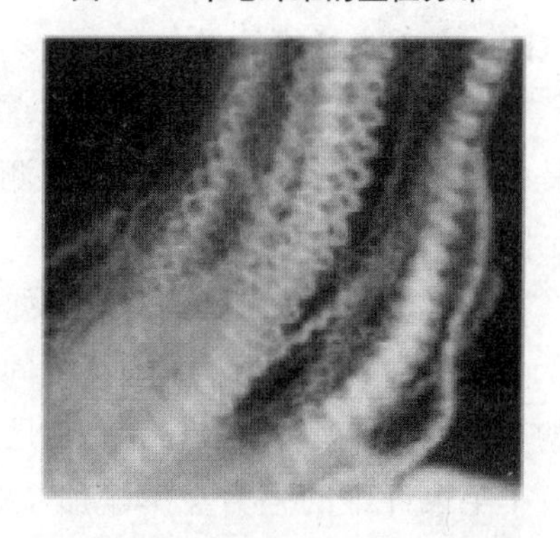

图 1-3　羊毛纤维的卷曲

羊毛的卷曲程度会影响其最终产品的性能。对于直径相同的羊毛，卷曲程度越高，毛条的产量越高、所生产的纱线和织物越蓬松（蓬松的纱线适合用于生产针织产品）、最终织物的起球减少（因为纤维之间的相互作用增加）、所生产的纱线和织物更粗和更厚、织物表面的覆盖系数增加、织物的尺寸稳定性变差（在织物松弛测试时更容易收缩）、加工过程中更容易缠结、所制成的机织物的光滑性差且手感硬。卷曲度高和卷曲度低的羊毛纱线如图 1-4 所示。

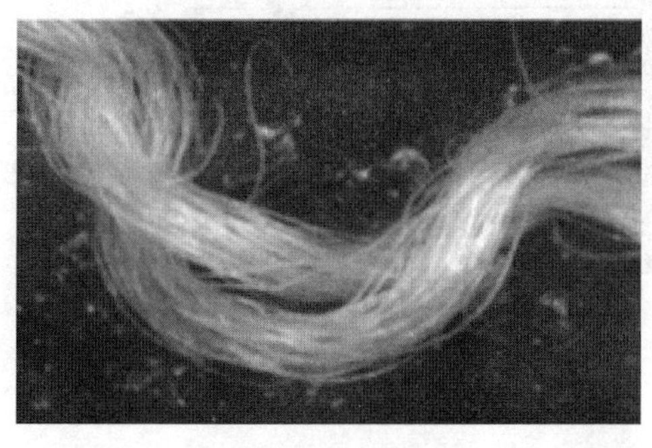

(a) 低卷曲羊毛生产的纱线

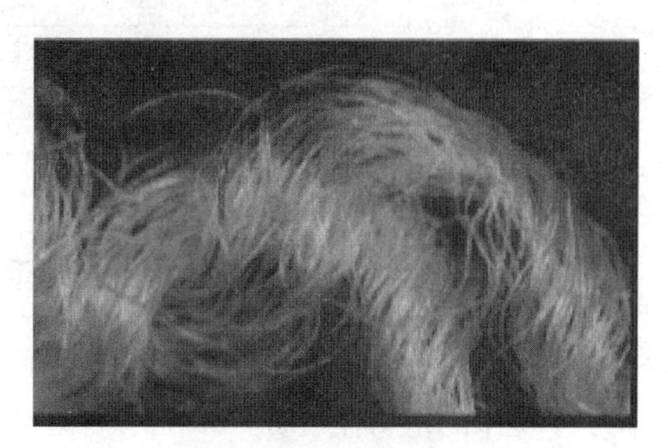

(b) 高卷曲羊毛生产的纱线

图 1-4　不同卷曲程度的羊毛纱线

三、羊毛束纤维的长度

与羊毛纤维的直径类似，同一批羊毛样品中纤维的长度是不同的。测试长度时，一般是用阿尔米特长度仪测试束纤维的长度，该长度会影响加工后羊毛纤维的平均长度，主要影响如下：

（1）长度越长，精纺纱线的拉伸性能越好；

（2）长度越长，纱线短片段不匀越低；

（3）长度短于 90mm 的羊毛纤维，长度越长，纺纱过程中的断头越少。

最近的研究（1996~2003 年）表明，纤维长度增加 10mm，纺纱速度可提高 7%、捻度可以降低 10%。企业使用长度较长的羊毛纤维还可以降低原料的成本（使用粗一点儿的羊毛，如粗 1μm）。纤维长度较长，还可以使络筒中需要去除的纱疵数量减少，也可使纱线上的毛羽减少，而且纤维长度越长，纤维在纱线中的支撑点越多，这可以降低织物表面起毛的概率，从而改善织物的起球性能。

四、羊毛束纤维的强力

羊毛束纤维的强力也是原毛的重要性能之一，一般是由阿尔米特长度和强力测试仪测试的，如图 1-5 所示。

不同纤维的强度及延伸性分别如图 1-6 和图 1-7 所示。从图中可以看出，羊毛纤维的强力不如其他纤维的高，但是其延伸性较好，尤其是湿态的延伸性。

羊毛束纤维的强力会影响加工过程中纤维的断裂，从而影响最终毛条中纤维的长度。

图 1-5　阿尔米特长度和强力测试仪

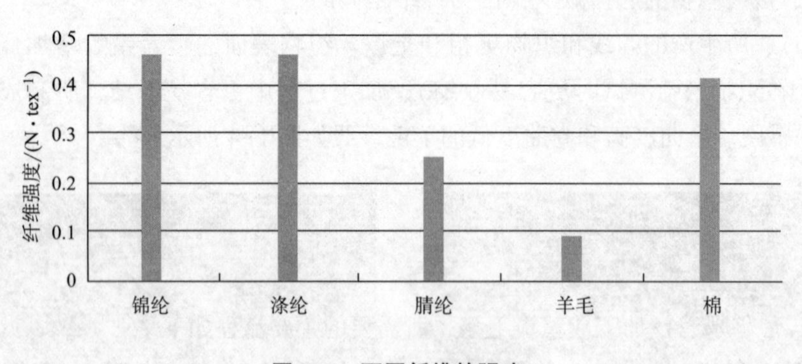

图 1-6　不同纤维的强度

五、羊毛中的植物性杂质

羊毛中的植物性杂质需要在加工过程中去除，去除的成本较高。植物性杂质的种类及含量取决于羊的种类、牧场的类型、羊毛的类型（套毛、碎毛等）。原毛中植物性杂质的种类一般包括植物种子和碎屑、带刺的种子、皮肤屑和其他有机材料，某些种类的植物性杂质较难去除（如带刺的种子）。植物性杂质的含量越多，原毛的价值越低，因为其会降低产品的产量及加工的效率。

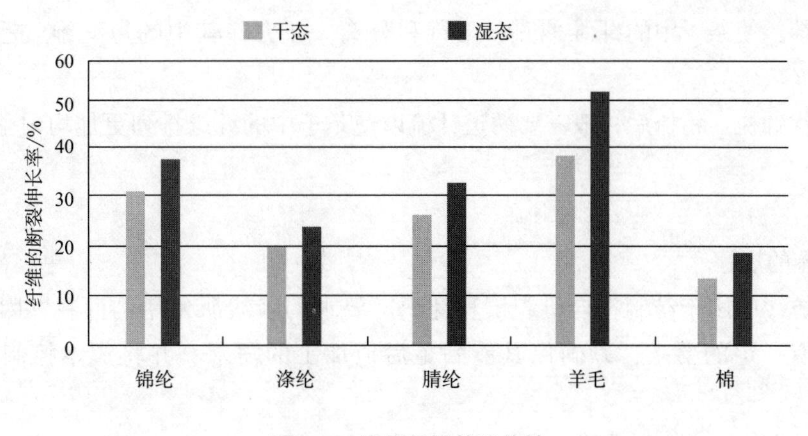

图 1-7　不同纤维的延伸性

六、羊毛的颜色

原毛的颜色对羊毛加工者来说是非常重要的，因为只有白色羊毛可以被染成浅色，其他颜色的羊毛只能被染成深色，因此原毛的颜色越白，价格越高。

原毛的颜色取决于气候、羊的饮食与健康状况、外部寄生虫、原毛中所含的杂质（如灰尘、羊毛脂、羊汗、其他杂质等）。

原毛的颜色是需要进行测试的。将原毛在标准条件下洗涤，然后进行梳理，以尽可能多地去除其中的杂质后，可以测试原毛的基本色。羊毛颜色测试采用的方法是分光光度法，在 D65/10 光源下测试原毛的 CIE 三色值（X、Y、Z 值），$Y—Z$ 值可以表征羊毛的黄度，$Y—Z$ 约为 7 时表明羊毛为白色、$Y—Z$ 约为 10 时表明羊毛为奶油色，$Y—Z$ 约为 14 时表明羊毛为黄色。

第三节　毛条加工简介

一、毛条加工的流程

将含脂羊毛（原毛）加工成精梳毛条，所需要的主要流程如下。

（1）购买符合要求的原毛。

（2）将所购买的原毛根据数量及种类进行分批。

（3）开毛：将毛块开松成松散的毛束。

（4）洗毛：去除羊毛中的土杂、油脂、羊汗等杂质，并尽可能减少羊毛纤维的缠结。

（5）混毛：将不同批次的羊毛进行混合，可以在洗毛前进行，也可以在洗毛后进行。

（6）梳毛：将缠结的羊毛纤维梳理成单纤维，初步对纤维进行排列，并进一步去除羊毛中的植物性杂质。

（7）针梳：将梳毛条内的纤维理直，使之平行排列，并可对纤维进行混合，一般需要三道针梳。

(8) 精梳：使条子中的纤维伸直、平行和分离，并去除其中的短纤维、毛粒、植物性杂质。

(9) 再次针梳：精梳后一般需要两道针梳以使条子中的纤维排列更加均匀整齐，达到纺纱的要求。

二、毛条的规格

毛条是纺纱厂用于纺制符合机织厂和针织厂要求的纱线所使用的原料，因此纺纱厂对毛条的规格有一定的要求，以确保其能满足后道加工的需求，并将成本控制在合理的范围内。

纺纱厂对毛条性能的要求很多，主要的性能指标如下。

(1) 纤维直径：包括纤维的平均直径和直径的离散程度（*CV* 值）。

(2) 纤维长度：包括纤维的平均长度、长度的离散程度（CVH 或 CVB）、最长纤维及最短纤维的长度范围（不同纺纱厂的要求不同）。

(3) 植物性杂质和草杂：包括每 100g 羊毛纤维中出现的频率及杂质的大小。

(4) 总含脂率（%）。

(5) 颜色：*Y*—*Z* 值。

(6) 条子重量：指每米条子的克重（g/m）。

(7) 条子的条干均匀度：沿条子长度方向的重量差异（乌斯特的条干 *CV* 值）。

(8) 毛粒：包括每 100g 羊毛纤维中毛粒出现的频率及毛粒的大小。

(9) 含水率（%）。

(10) 纤维改性：如防毡缩处理。

(11) 溶剂可萃取物质（%）。

三、毛条厂的职能

毛条厂首先需要购买原毛以创建生产批次，这关系到企业的效益，创建生产批次时先将来自不同牧场的羊毛进行混合，对混合后的羊毛编制出生产批号，然后将其加工成符合纺纱厂要求的精梳毛条，如图 1-8 所示。

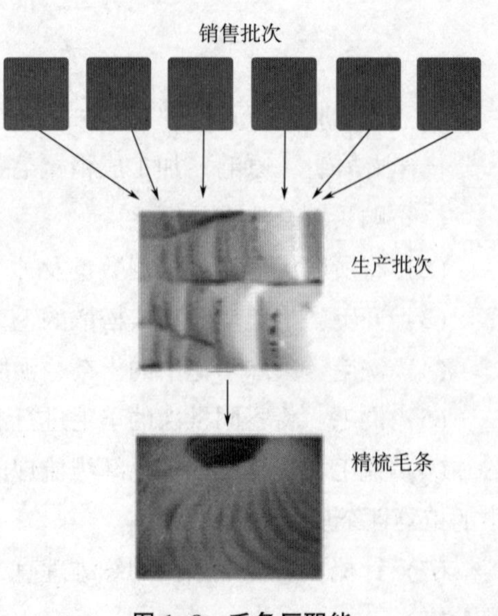

图 1-8　毛条厂职能

毛条厂的职能包括购买原毛、将羊毛加工成精梳毛条、羊毛出口商、采购和出口原毛的代理商。

在将原毛加工成精梳毛条的过程中，毛条厂需要承担原毛筛选带来的风险和经济效益，因此毛条厂在创建生产批次时，需要考虑以下问题：纺纱厂要求的对毛条规格有影响的原毛的性能指标；原毛混合所带来的问题；所供应的原料的均匀性（全年的连续性)；购买原毛的成本以及毛条生产过程中所产生的费用。考虑到以上因素后，毛条厂的目标为：质量符合客户要求、价格符合纺纱厂的要求、质优价廉并尽可能多的创造利润。

为了创造利润，毛条厂需要将采购原毛的成本控制到最低，但同时需要保证所生产的毛条的质量达到要求，经验丰富的毛条厂可以创造更高的利润。一般在毛条生产过程中，精梳落毛的减少可以为毛条厂创造更高的利润，见表 1-1。对于毛条厂（将原毛加工成毛条），原毛的选择会影响其加工过程中的落毛，若毛条厂的生产效率为 1000kg/h，落毛率减少 1%，每年可以为企业多创造 67 万美元的利润，对于全能型工厂，此利润更高，可达 132 万美元。因此，原毛的选择对于毛条厂是至关重要的。

表 1-1 毛条厂的利润

企业类型	落毛率减少 1%/ (kg·h^{-1})	企业的效率/ %	产品价值/ 美元	潜在增加的效益/ (万美元·$年^{-1}$)
将原毛加工成毛条的毛条厂（1000kg/h）	+10	80	8.00	67
将原毛加工成织物的全能型工厂（350kg/h）	+3.5	70	15/m	132

重要知识点总结

1. 毛条制造的目的是将含脂羊毛（原毛）加工成符合纺纱厂要求的精梳毛条，原料的混合、规格、成本都是毛条厂需要考虑的重要因素。

2. 对原毛而言，重要的性能指标为：纤维直径及其离散程度、纤维长度及其离散程度、纤维卷曲、束纤维强力及其离散程度、颜色、回潮率等，这些性能可以由全球的羊毛测试机构（如 AWTA、NZWTA、SAWTA）进行测试。羊毛纤维的表面性能（如摩擦）也会影响其加工过程，且取决于纤维的含水量。

3. 毛条制造的流程主要包括：开毛、洗毛、混毛、梳毛、针梳、精梳。

4. 与毛条相关的重要指标包括：纤维直径及其离散程度、纤维长度及其离散程度、植物性杂质含量及大小、颜色、毛条重量、毛条条干均匀度、含脂率、毛粒的含量及尺寸、含水量、纤维改性。

练习

1. 毛条厂的职能有哪些？

2. 原毛的关键性能有哪些？这些性能是谁测试的？

3. 毛条的关键性能有哪些？这些性能是由谁决定的？这些性能是由谁测试的？

4. 原毛和毛条的需求来源于哪里？

5. 毛条制造的主要步骤包括哪些?
6. 什么是半精梳加工?
7. 如何测试短纤维含量?
8. 如何测试长纤维含量?

第二章　初加工

学习目标：

1. 了解毛条制造初加工工序的流程。
2. 掌握混毛的目的及其对最终毛条的影响。
3. 掌握洗毛的目的及其对最终毛条的影响。

毛条制造过程中，羊毛进行梳理和精梳之前的初加工工序主要包括混毛、开毛和洗毛。混毛的目的是将各组分的羊毛原料进行混合；开毛的目的是将羊毛块或毛丛开松成束纤维；洗毛是将羊毛放入洗液中进行清洗，然后用清水对羊毛进行漂洗，再对羊毛进行烘干。每一道初加工工序都会影响后续的毛条制造过程能否顺利进行。

第一节　混毛

混毛的目的是极大地提高毛条的均匀性，使其在整个长度方向上尽可能均匀一致。初加工过程中的很多工序都可以进行混毛。

需要进行洗毛的原毛毛包在仓库中应有序排放，以使毛包在开毛之前每排毛包都能代表不同的混合材料。然后将这些毛包喂入开毛机中，开毛时先用拆包机对羊毛进行初步开松，后续还需要使用其他开毛机（如双辊筒开毛机）进行进一步开松，以将块状的羊毛开松成束纤维并去除原毛中的部分杂质。现在设计的很多开毛机中也有混毛的作用。一般开毛后还需要进行混合，此次混合是在混毛箱中进行，将混合物在水平方向依次铺开，然后在垂直方向抓取（横铺直取）。

第二节　开毛

一般需要将羊毛压缩成毛包以便于运输，但这会使纤维的分离更加困难。为了将毛包中团状的羊毛进行分离，首先需要进行开松，开松后的羊毛可以进行更加均匀的洗毛。开毛机如图 2-1 所示。

对较细的羊毛进行开松时，需要控制使用较小的机械作用以减少其在洗毛及后道工序中的缠结。

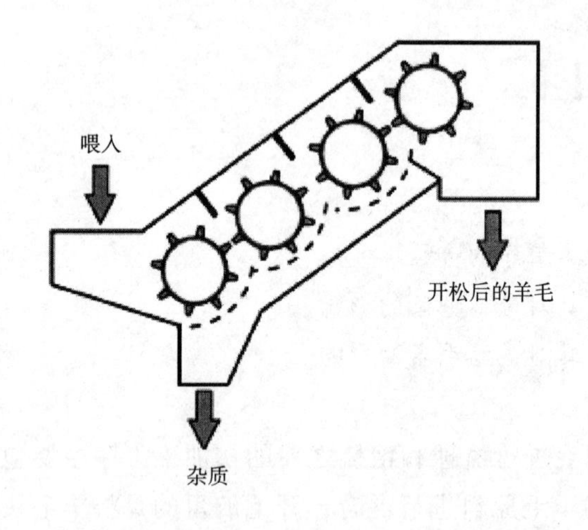

图 2-1　开毛机

第三节　洗毛

一、洗毛概述

洗毛的目的是去除原毛中的杂质，包括污垢、羊毛脂、羊汗、非毛类蛋白质材料、羊皮碎片等。洗毛的过程包括：在洗涤剂溶液中洗涤羊毛、漂洗羊毛、烘干洗净的羊毛。洗毛工序会影响后道工序及最终毛条的性能。洗毛机如图 2-2 所示。

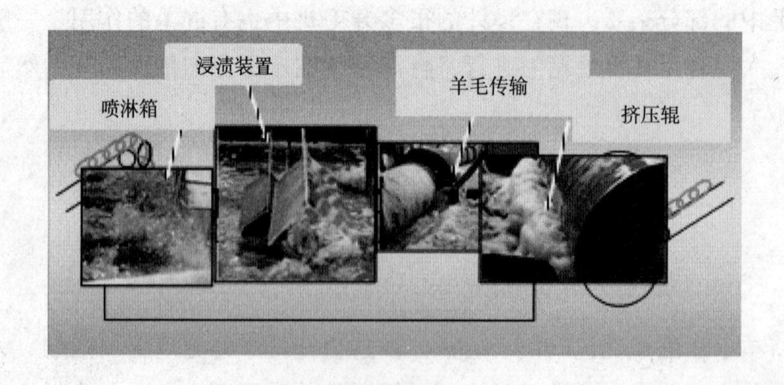

图 2-2　洗毛机

影响后道工序洗净毛的四个主要特征指标为：纤维缠结的程度、纤维的含水量、纤维的 pH、剩余杂质的量（如污垢、羊毛脂）。洗毛过程中纤维的缠结会使后道加工过程中纤维的断裂增加，从而使落毛率增加、最终毛条中的纤维长度减少。羊毛在进入洗毛机中的第一个洗毛槽时就可能产生缠结，而且随着洗毛的进行，纤维的缠结会越来越多，直至其在烘干机中处于相对稳定的状态。

影响洗毛过程中纤维缠结程度的因素很多，包括羊毛喂入每个洗毛槽的方法、浸渍装置的类型、羊毛在洗毛槽中的传输过程及方式、挤压辊、不同洗毛槽之间的传输、湿开毛工序等。现在已经开发出多种高效洗毛系统以确保羊毛被洗涤干净并缠结较少。有些企业为了提高生产率，会将洗毛、梳毛、精梳设置在同一个车间内。

羊毛纤维缠结的程度对加工过程（落毛率、豪特长度）的影响如图 2-3 所示。所用的羊毛是同一批含脂原毛，但是经过了不同的洗毛过程，洗毛后的梳毛和精梳都是在同一台设备上进行的。从图 2-3 中可以看出，随着纤维缠结程度的增加，落毛率也增加，但豪特长度变短。

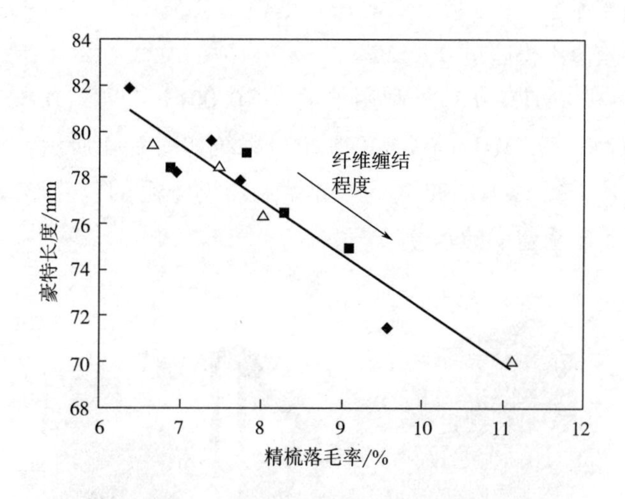

图 2-3　羊毛纤维缠结的程度对加工过程的影响

洗毛后的羊毛需要在混毛箱中再次进行混合。从混毛箱中出来的羊毛纤维还需要经过除尘车间，通过振动去除羊毛中剩余的灰尘，然后添加梳毛润滑剂以利于后道加工。

二、洗净毛的测试

洗毛后的羊毛称为洗净毛，通常需要对洗净毛进行测试，以确保其性能指标符合毛条规格的要求。

1. 需要进行的测试

（1）含水量、烘干后的重量。

（2）纤维上残留的非羊毛物质的含量。

（3）纤维直径。

（4）颜色：羊毛颜色可以作为评判洗净毛清洁程度和黄化程度的指标。此外，洗涤效果可以使用溶剂可萃取物或颜色进行表征。

2. 洗净毛直径的测试

测试洗净毛的直径时，可以采用与测试含脂羊毛直径相同的的测试方法，包括投射显微镜法、气流法、激光扫描法、OFDA 法，但洗净毛不需要预洗涤，除非纤维本身的颜色需要被测量。

3. 洗净毛质量的测试

IWTO 法规可以用来指导测试的取样、测试洗净毛的重量损失和烘干质量（也称为“发货量”“传送量”）。传送量测试包括以下三种。

（1）发货质量（IWTO-33）。发货质量也称为烘干质量，这种方法测试过程相对简单。首先确定羊毛货物的总质量，然后对货物进行核心取样（>500g），并确定样品的质量，称量并在 105℃ 下烘干样品，确定水分含量，最后根据样品的平均水分含量确定批次的烘干质量。

（2）发货质量（IWTO-41）——电容测试法。这种方法用到了电容测试系统，主要是测试羊毛的回潮率（含水率）。传送带上面的每个毛包都会被测试。这种方法必须由 IWTO-33 进行校准，实验室误差值不得超过 0. 152%。

（3）Malcam 微波法（DTM-63）。利用羊毛（~0. 001）与水（0. 5）对微波吸附的差异来测量羊毛在包内的含水率，Malcam′s MMA-2020 系统如图 2-4 所示，经常被用作羊毛包回潮率的测试。这种方法需要 IWTO-33 进行校准。校准对羊毛的包装形式很敏感。Malcam 声称该系统可以在线测量羊毛包中的水分。

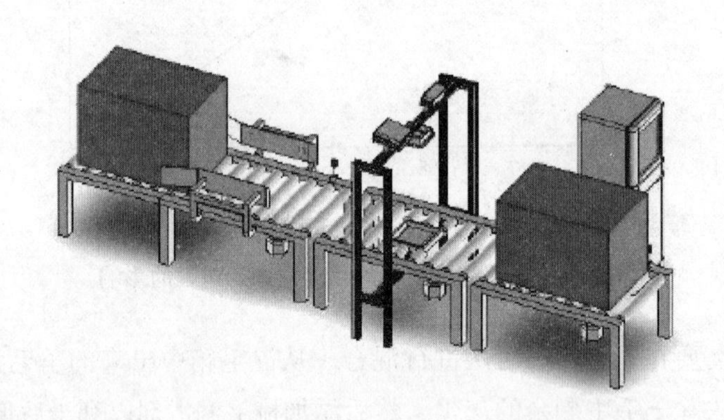

图 2-4　Malcam′s MMA-2020 系统

4. 洗净毛中残留物质的测试

洗毛后，羊毛表面可能还残留着微量的物质，如羊毛脂、羊汗、污垢、非羊毛蛋白质、粪便和尿液、洗涤剂、作为助剂或水调节剂的盐类等。这些物质能够影响羊毛的后道加工工序。很多方法可以用来测试洗净羊毛表面的残留物含量，常见的方法有 IWTO-10、DTM-43、DTM-61。

（1）二氯甲烷萃取法（IWTO-10）。羊毛表面残留的物质无法用单一溶剂进行提取。二氯甲烷可用来萃取羊毛中的羊毛脂、其他脂类物质和许多类洗涤剂。这种测试方法广泛应用于洗毛工序的质量控制，确保洗毛和漂洗的效率和质量。

索氏萃取法在 105℃ 下烘干羊毛，然后经历至少虹吸 10 次，持续 90min 以上。在 106℃ 环境下使溶剂蒸发后，对萃取物进行称重。

这种方法经常用作洗净毛、炭化毛和精梳毛条中残留脂类物质的测试。

（2）近红外光谱（NIR）法（DTM-43）。这种方法需用二氯甲烷萃取法进行回归技术校准，可以用作洗净毛和粗纱条中残留脂类物质的测定。

（3）石油醚萃取法（DTM-61）。二氯甲烷可能会影响测试者的身体健康，考虑到安全性，经常会用石油醚代替二氯甲烷，但是必须时刻关注石油醚溶液的高易燃性。这种方法可以用作毛纱和混纺纱/织物中残留脂类物质的测试。

5. 梳毛后长度的测试

含脂原毛的长度可以用短纤维长度测量方法测量，纤维长度也可以在毛条阶段进行测量，但是洗净毛的纤维长度很难被测量。单纤维长度测量可以用 WTO-DTM05 进行测量，但是需要大量的人力，数据主观性强，不建议用来测洗净毛。

新西兰提出一种“梳理后纤维长度”测试，用来测量洗净毛中纤维的长度。洗净毛和干燥的羊毛样品中添加一种标准化的梳理润滑剂，润滑剂均匀分布在羊毛表面后，将样品在实验室的梳片仪上梳理，得到的条子要经过三次针梳。条子中的纤维长度用 Almeter 进行测量。

需要注意的是，“梳理后纤维长度”并不是 IWTO 测试方法，而是只在新西兰应用的一种测试方法，该试验对纤维在洗毛过程中的缠结有一定的评价价值，这种缠结可减少梳理后纤维的长度。有关抽样检验和再检验的规定已在新西兰公布。

三、洗净毛的打包

洗净毛一般需要以毛包的形式储存一段时间（几天至几个月），长时间的存储会影响加工后羊毛纤维的长度，存储 12 个月后，羊毛纤维的豪特长度会减少 2~3mm。

打包时有双轴压缩（从两个方向对毛包进行压缩）和单轴压缩（从一个方向对毛包进行压缩）两种形式。实践表明，双轴压缩比单轴压缩更容易造成纤维的缠结，且双轴压缩的毛包更加紧密，压缩密度对纤维长度的影响较小。加压打包时的回潮率对后道加工没有影响。如果在进一步加工之前，首先在蒸汽中对压缩后的洗净毛包进行松弛，则打包造成的纤维长度的损失可以忽略不计。

压缩后的羊毛纤维束的拉伸性能见表 2-1，压缩 48h 后束纤维的断裂强度开始下降，压缩后储存的时间越长，强度下降越大，且羊毛越细，强度下降的越大，而且拉伸断裂的位置也与压缩之前不同，这是由于压缩对纤维进行了暂时定形而使其发生了变形。

表 2-1　压缩后的羊毛纤维束的拉伸性能

毛包	束纤维的断裂强度/（$cN \cdot tex^{-1}$）
未压缩的毛包	1.75
压缩 48h 后的毛包	1.56
压缩 42 天后的毛包	1.38
压缩 42 天并经过蒸汽松弛的毛包	1.67

压缩所导致的强度损失是暂时的，经过合适的松弛工序后，束纤维的强力可以重新恢复。因此，如果洗净毛毛包在加工之前已经存储了较长的时间，则在开毛或其他加工之前需要对

毛包进行松弛处理，以使毛包中的羊毛纤维恢复原有的强力。

重要知识点总结

1. 毛条制造的初加工工序主要包括开毛、混毛和洗毛。混毛的目的是将不同组分的羊毛进行混合；开毛的目的是将块状的羊毛开松成纤维束；洗毛的目的是去除羊毛中的污垢、羊毛脂、羊汗等杂质，并且尽可能减少羊毛纤维的缠结。

2. IWTO 测试可用于确保洗净毛的质量和洗毛工序的效率，主要的测试包括：洗净毛的烘干质量、色泽、残留油脂含量、纤维直径等。

3. 洗净毛需要打包后存储，打包时的压缩会影响羊毛纤维的长度，从而影响加工后纤维的长度。适当的松弛工序（如在高于玻璃化转变温度的温度下对纤维进行汽蒸处理）可以消除压缩对羊毛性能的影响。

练习

1. 毛条制造的初加工工序包括哪些？
2. 洗毛产生的缠结有什么影响？
3. 洗净毛的性能测试通常有哪些？
4. 对洗净毛进行打包存放会产生什么影响？纺织厂如何解决这种影响？
5. 什么是梳毛后长度？

第三章 精纺梳毛

学习目标：

1. 掌握毛条制造过程中梳毛工序的目的。
2. 理解原毛性能对梳毛工序的影响。
3. 掌握精纺梳毛机的组成部分及其作用。
4. 理解影响梳毛生产率的生产条件及其对毛条质量的影响。
5. 掌握梳毛条的质量控制。
6. 了解精纺梳毛技术的最新发展。

毛条制造过程中，一般是对未染色的羊毛进行梳理。梳毛工序的目的是松解纠缠的纤维、初步使纤维整齐排列、去除植物性杂质，因此精纺梳毛机需要完成以下任务：

（1）将纠缠成团的洗净毛进行松解，并将其梳理成单纤维状态；

（2）初步对喂入的原料进行混合；

（3）尽可能多地去除植物性杂质；

（4）开始对纤维进行排列；

（5）将梳理好的纤维集合成绳状，称为梳毛条，以利于进一步的加工；

（6）将梳毛条有规律地圈放至条筒中以便于后道加工。

在完成以上任务的同时，在梳毛工序中还需要控制其工艺条件，以使纤维断裂尽可能少（纠缠在一起的洗净毛在梳理时易断裂）、纤维疵点和毛粒的产生尽可能少、梳毛效率和利润尽可能高、梳毛条的质量尽可能好。

精纺梳毛可以对洗净毛、烘干的羊毛、未毡缩羊毛、开松良好的羊毛进行梳理，这些羊毛中含有适量的残留羊毛脂且植物性杂质的含量不超过8%。精纺梳毛机的种类很多，但是基本原理是相同的。不同种类的梳毛机所使用的罗拉数量和形状是不同的，植物性杂质去除系统也是不同的，但是各种梳毛机的目的是相同的。梳毛工序需要尽可能地减少纤维断裂和纤维损伤。

第一节 喂入羊毛的质量控制

精纺梳毛机的喂入原料一般为洗净毛，喂入羊毛的质量控制主要包括含水率和残留污染物的控制。

一、含水率

洗净毛的含水率会影响梳毛加工以及后道加工，洗毛并烘干后，羊毛纤维的含水率一般为14%~18%。在梳毛工序中，为了有利于植物性杂质的去除，要求的最佳含水率取决于洗净毛中植物性杂质的含量，见表3-1。含水率较低时，植物性杂质容易被打断成小的碎片；含水率较高时，某些种类的植物性杂质容易松解开，形成“猴子的睫毛”，在后道的精梳工序中很难去除。

表3-1　最佳含水率

洗净毛中的植物性杂质含量	最佳含水率/%
低（<3%）	15~17
中等（约3%）	12~14
高（5%~8%）	<10

若洗净毛中的含水率过高，也会对后道工序造成问题，如缠绕精梳和针梳工序中的罗拉和卷取机构从而使落毛过多。当含水率达到20%~25%，由于纤维刚度的下降，使得毛粒的形成增加。纤维中的水分分布不均匀也会产生相应的问题。

在加工过程中，要求羊毛纤维有一定的柔韧性和拉伸回复性，以减少纤维的断裂。羊毛纤维的含水量会影响其拉伸性能，如断裂负荷、延伸性等。羊毛的含水量越高，其模量（硬度）和断裂强力越低；但是如果羊毛过于干燥（如含水量低于10%），羊毛则会比较脆且更易断裂。羊毛的含水率越高，其断裂伸长和回复性越高。

羊毛的含水率越高，纤维与纤维之间的摩擦系数以及纤维与金属之间的摩擦系数也越高。当纤维与纤维之间相互摩擦、纤维通过梳毛机中的罗拉或其他金属部件表面时，会产生静电，从而使纤维的加工过程更加困难，这会导致最终毛条不均匀、纤维浪费增加、设备效率降低。纤维的含水率增加，产生的静电将减少，羊毛纤维的含水率为15%~17%时，可使加工过程中的静电保持在可接受的范围内。

二、残留污染物

为了使梳毛机的生产速率和效率较高，加工者希望喂入梳毛机的原料（即洗净毛）越干净越好、残留的污染物（如羊毛脂、羊汗等）尽可能少。但是，实践证明，洗净毛中溶剂萃取物的含量在0.4%~0.5%较好（用IWTO 10和DTM 61标准测试所得的数据）。

残留污染物对加工性能的影响很难被量化，因为这些污染物对加工过程的影响将在精纺纺纱过程中的最后几道工序（如粗纱工序、细纱工序）才能显现出来。

洗净毛中的残留污染物过多所产生的负面影响如下：

（1）洗净毛的颜色较差；

（2）这些污染物可能集聚在加工设备上；

（3）改变加工助剂（如润滑剂、抗静电剂）的性能；

（4）针梳工序中的牵伸性能较差；

（5）染色性能较差；

（6）生产车间的灰尘较多。

第二节　精纺梳毛机

一、精纺梳毛机简介

梳毛工序的复杂程度取决于企业的规模，规模较小的纺纱厂使用简单的手工梳毛器（图 3-1）或简单的梳毛机（图 3-2），规模较大的纺纱厂使用的梳毛机比较复杂，如图 3-3 所示，但是这些梳毛机的主要目的（将纤维分离）和原理是相同的。

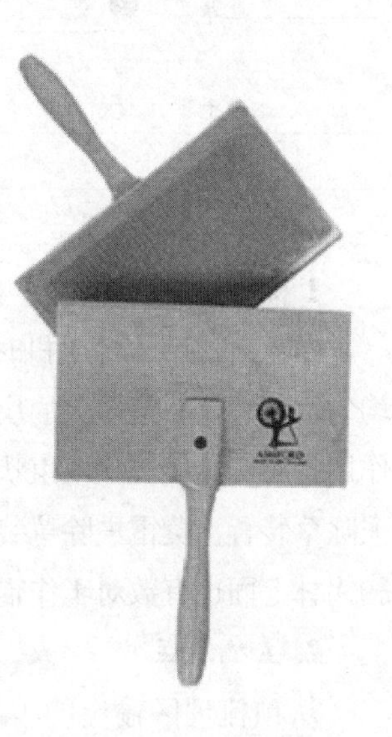

图 3-1　手工梳毛器

即使采用最先进的洗毛技术和洗毛机，洗毛后进入梳毛机的羊毛纤维都有轻微的缠结，商业用的精纺梳毛机通过梳理、剥取和提升三种运动来实现纤维的分离。

（1）梳理：将纤维团以及纤维团中的纤维进行分离。

（2）剥取：羊毛纤维从一个辊转移至另一个辊。

（3）提升：将纤维从锡林针齿的底部提升至表面以利于纤维的转移。

梳毛机中各个辊的表面都覆盖有金属针布或弹性针布以将束纤维分离成单纤维。刚进入梳毛机中的羊毛纤维有轻微的缠结，所以梳毛机中前几个辊的工艺设置应该较松（速度较慢、针齿较粗且稀、隔距大），随着梳理的进行，纤维的缠结越来越少，工艺设置可逐渐变得紧密。按照渐进梳理的原则，从梳毛机的机后至机前，辊的速度逐渐增加、辊筒上针齿的密度逐渐增加、相邻辊筒之间的隔距逐渐减小，这种工艺配置可以使梳毛机中的纤维断裂尽可能少。

图 3-2　简单的梳毛机

图 3-3　精纺梳毛机

二、精纺梳毛机的组成

精纺梳毛机是一台很大的设备，其中包含很多个不同种类的辊筒，如图 3-4 所示，可以分成两大部分：前半部分（预梳理区），包括刺辊、莫雷夫除草辊、胸锡林；后半部分（主梳理区），包括大锡林以及其上的工作辊和剥毛辊。

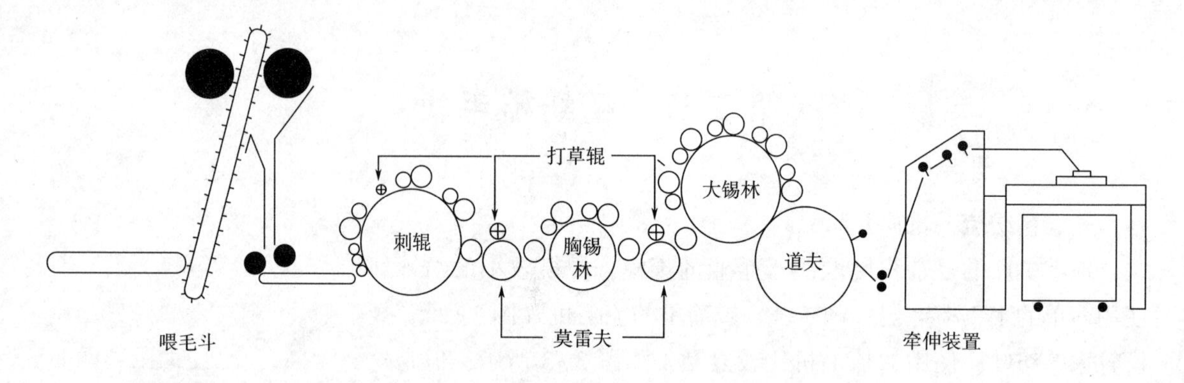

图 3-4　精纺梳毛机的工艺简图

1. 预梳理区

羊毛纤维喂入梳毛机时，首先经过喂毛罗拉，此时的羊毛纤维具有良好的开松度且有一定的均匀性，但仍然是较大的块状或束状。然后进入刺辊，刺辊上有数对工作辊和剥毛辊，该部分的作用是对缠结成块状或束状的洗净毛进行初步开松。经过刺辊开松的羊毛纤维再进入第一个莫雷夫除草装置，莫雷夫除草装置的作用是更加高效地去除羊毛中的植物性杂质，然后进入胸锡林，胸锡林上面也有数对工作辊和剥毛辊以对羊毛进行开松，再进入第二个莫雷夫除草装置。

2. 主梳理区

从预梳理区输出的羊毛进入大锡林，大锡林是梳毛机中最大的辊筒，其上有很多对工作辊与剥毛辊，可以对纤维进行反复梳理，将其彻底地梳理成混合均匀的单纤维状态。经过大锡林与工作辊、剥毛辊的梳理、剥取和提升作用后，羊毛纤维再进入至道夫中，道夫的目的是将羊毛纤维网从大锡林上转移输出，道夫上的纤维网可以通过斩刀、集束装置集合成纤维条，再由圈条装置将其有规律地圈放至条筒中。

羊毛纤维在梳毛机中的梳理是逐渐完成的，从机后至机前，辊筒上梳针的针齿密度越来越大、速度越来越快。梳毛机对纤维的开松和混合程度受以下因素的影响：相邻辊筒之间的相对速度及转向、针齿方向的配置及隔距；针布的锋利程度；针齿的直径；加工特殊种类的羊毛所用针布上针齿的密度等。

三、梳毛过程中的纤维路径

羊毛纤维在梳毛机中的运动是非常复杂的，如图 3-5 所示，在两个辊的接触点处纤维可能会产生转移，是否产生转移取决于纤维的性能、两个辊的速比、辊筒之间的隔距、针布的几何性能、接触点处纤维的密度、两个针齿的配置等因素。图 3-5 中只展示了一组工作辊和剥毛辊，但一般大锡林上有多组工作辊和剥毛辊，具体有几组取

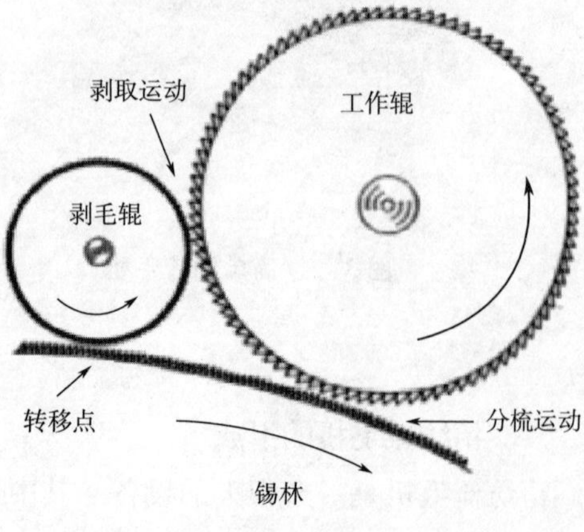

图 3-5　羊毛在梳毛机中的路径

决于大锡林的尺寸。

梳毛机中的锡林、工作辊、剥毛辊等辊筒的表面都包有针布，这些金属锯齿或针齿可以握持纤维并且使纤维在相邻的辊筒之间进行转移。相邻辊筒之间针齿的指向、表面线速度以及旋转方向使得精纺梳毛机中主要有分梳、剥取和提升三种运动。分梳运动可以对团状和块状的纤维进行开松，并分离成单纤维，工作辊的表面线速度是最低的；剥取运动可以将工作辊上的羊毛纤维转移至锡林上，剥毛辊的表面线速度比工作辊的高，但是比锡林的低；提升运动可以将锡林针齿底部的纤维提升至针齿的表面以利于纤维的转移，风轮与锡林之间是提升运动，两个辊筒之间的针齿配置是背对背的。如图 3-5 所示，相邻辊筒之间的距离很近，但不会彼此接触，此距离的设置取决于被加工的羊毛纤维的种类、质量及条件，加工特定种类羊毛的隔距的设置也取决于梳毛机生产商以及毛纺企业的生产经验。

1. 分梳运动

分梳运动的针齿配置是针尖对针尖，如图 3-6 所示。锡林和工作辊的针齿都具有握持纤维的能力，被工作辊握持的纤维的另一端会受到锡林针齿的梳理，被锡林握持的纤维的另一端会受到工作辊针齿的梳理，最终使纤维簇中的纤维相互分离并伸直。梳毛机中的分梳运动有两种：锡林和工作辊之间、锡林和道夫之间。不管是哪种类型，分梳运动的结果是锡林上的纤维被一分为二，一部分在锡林上，一部分被工作辊或道夫带走。

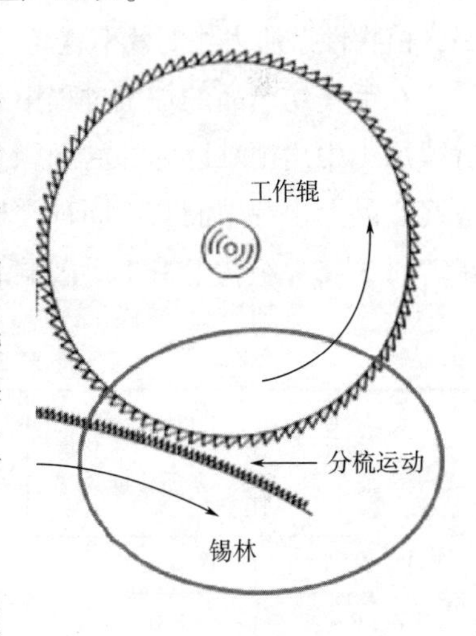

图 3-6 分梳运动

2. 剥取运动

如图 3-7 所示，工作辊和剥毛辊之间发生的是剥取运动，剥毛辊上针齿的针尖与工作辊上针齿的针背相对，可以将工作辊上的大部分纤维转移至剥毛辊上。速度较快的锡林上针齿的针尖与速度相对较慢的剥毛辊上针齿的针背相对，可以将剥毛辊上的大部分纤维转移至锡林上。剥取运动的结果是速度较快的辊将速度较慢的辊上的纤维全部剥下。

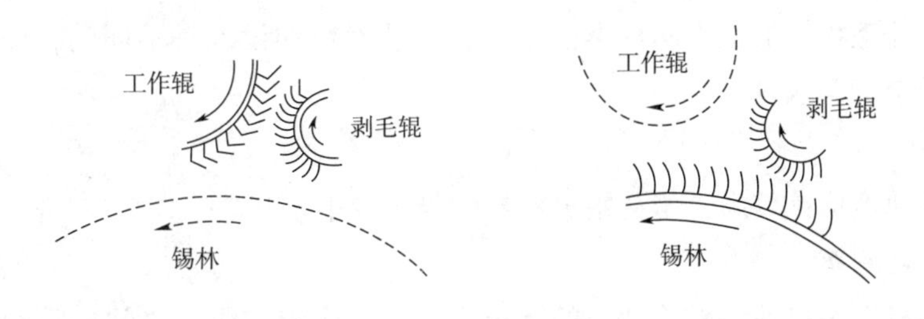

图 3-7 剥取运动

四、梳毛过程中植物性杂质的去除

在精纺梳毛机中，去除植物性杂质的主要部分是莫雷夫除草装置，如图 3-8 所示，莫雷夫罗拉上面有毛刺打手，这对植物性杂质的去除非常重要。

莫雷夫罗拉上特有的针齿以及针齿之间距离的设置均可使羊毛纤维充塞在针齿底部而植物性杂质在针齿表面，当纤维携带杂质共同经过毛刺打手时，打手上的刀片可以将表面的植物性杂质去除。毛刺打手与莫雷夫罗拉之间的隔距越小，植物性杂质去除的效率越高，纤维的损伤也越大。此外，植物性杂质的种类对打手与罗拉之间隔距的设置也有很大的影响。为了更有效地去除植物性杂质，毛刺打手上的刀片必须锋利，而且以一定的规律旋转，以使其边缘磨损均匀。梳毛机上锡林及莫雷夫除草装置的数量越多，植物性杂质去除的效率越高。

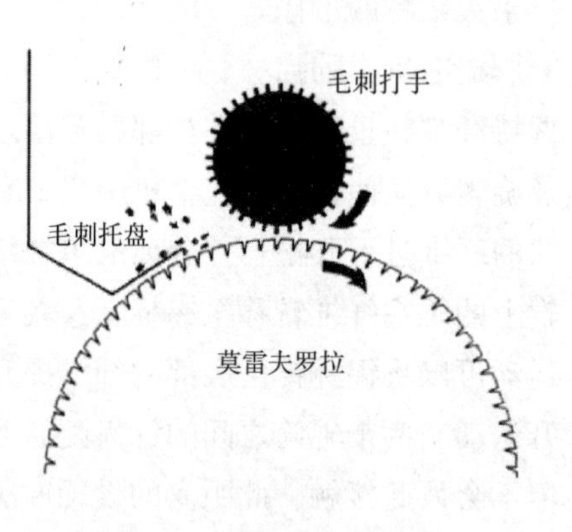

图 3-8 莫雷夫除草装置

在毛精纺产品的加工过程中，植物性杂质的去除是非常重要的，可以避免在面料生产的后续加工中出现难以弥补的问题。植物性杂质中的毛刺比种子更容易形成疵点保留在织物中。最终产品上出现破洞与不同种类植物性杂质之间的关系见表 3-2。1kg 织物上有 1 个破洞则意味着每 3~5m 织物上有 1 个破洞。植物性杂质越少，织物上的破洞越少。

表 3-2 植物性杂质与产品破洞的关系

生产线	原毛中的植物性杂质含量/%	毛条中的植物性杂质含量/（个·kg^{-1}）		因植物性杂质导致的织物破洞/（个·kg^{-1}）	
		>3mm	>10mm	>3mm	>10mm
B，AAA	2.7	14	1.0	2.4	0
B，Pcs	10.7	83	13.2	4.5	1.0
K，AAA	2.8	5.2	0.4	0.7	0
K，Pcs	10.3	5.8	0.6	3.9	0.1

五、精纺梳毛机的工艺参数设置

不同种类的梳毛机、加工不同种类的羊毛，工艺参数的设置是不同的，而且较复杂，工艺设置对毛条质量的影响较大。

1. 毛刺打手

毛刺打手的速度应该较高，与莫雷夫罗拉的隔距较小。

2. 工作辊—剥毛辊

从梳毛机的机后至机前，随着开松的逐步进行，工作辊与锡林之间的隔距以及剥毛辊与锡林之间的隔距应逐渐减小。

3. 梳毛机上的负荷

梳毛机上的负荷是指某一时刻各个辊筒上的纤维量，这个参数是很重要的，会影响纤维的断裂量（从而影响毛条的豪特长度）、精梳机的落毛率、梳毛机的总产量及经济效率。

喂入梳毛机中的纤维量称为新纤维密度，用 FFD 表示，单位为 g/m^2，计算公式如下。一般，加工细羊毛时，FFD 设置为 0.50~0.75g/m^2，加工粗羊毛时，FFD 设置为 1.20~1.50g/m^2，如果 FFD 超出这个范围，则会导致过多的纤维断裂，从而使落毛率增加。

$$FFD=\frac{\text{梳毛生产率（kg/h）}\times 1000}{60\times\text{大锡林速度（m/min）}\times\text{梳毛机宽度（m）}}$$

如图 3-9 所示，精纺梳毛机可分成前段和后段，就总体的开松效果而言，梳毛机前段的工艺设置没有后段的重要，即大锡林至道夫和从最后的罗拉至锡林之间的工艺设置是比较重要的。前段的工艺设置对毛粒、豪特长度的改变、精梳落毛率的影响较小，后段的工艺设置对这些参数的影响较大，但影响最大的是梳毛生产率。

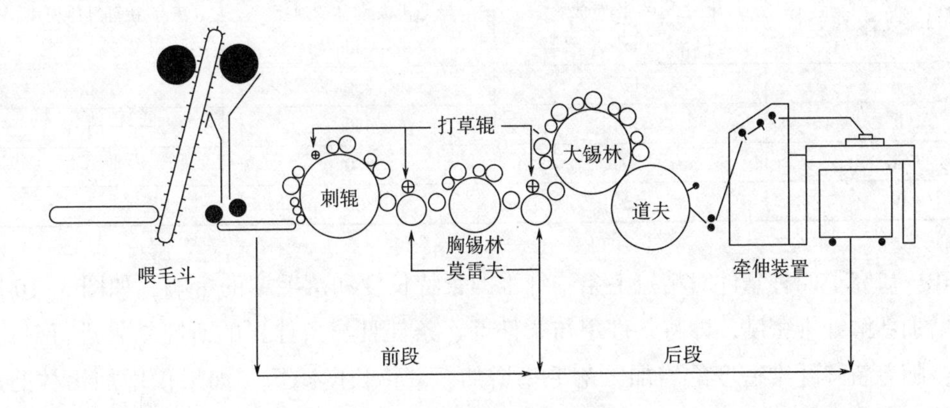

图 3-9　精纺梳毛机设置

4. 梳毛生产率

梳毛机产量随喂入梳毛机中纤维量的增加而增加，每台梳毛机的生产率越高，则生产定量毛条所需要的梳毛机的台数越少，可降低成本。但是，单台梳毛机生产率的增加对最终毛条的质量有负面影响，见表 3-3。单位时间内喂入梳毛机单位宽度的纤维越多，毛条中纤维的豪特长度越短，精梳落毛率越高。

表 3-3　梳毛机生产率对毛条质量的影响

梳毛机生产率/［kg·（h·1.8m）$^{-1}$］	豪特长度/mm	精梳落毛/%
15.0	71.3	4.5
23.9	70.8	4.8
27.0	69.7	5.0
35.0	69.6	5.7
48.0	68.4	5.9
57.0	67.2	6.2

注　表中 1.8m 指的是梳毛机的宽度。

此外，毛条生产者可以在保持单位时间内喂入梳毛机单位宽度内的纤维量恒定的情况下，通过增加梳毛机的宽度来提高梳毛机的产量，这一方法是机械制造商在 20 世纪 80 年代所采取的措施，将梳毛机的宽度由 1.5m/1.8m（使用了几十年的宽度）增加至 3.5m，从而可以保证毛条的质量，但是会增加梳毛机的制造成本。

梳毛机的速度（大锡林的速度）增加可提高梳毛机的产量，但是大锡林的转速改变后，梳毛机中其他辊筒的速度也需要改变。羊毛的强力较低，因此一直被认为是一种比较脆弱的纤维，在加工过程中必须小心处理，因此传统上认为的增加速度的方法不适用于羊毛。1985年，CSIRO 研究了梳毛机速度的影响，研究中使用了四种条件，见表 3-4，当时第Ⅱ种实验条件被认为是梳理 21μm 羊毛的标准条件。

表 3-4 四种实验条件

实验条件	梳毛机的生产速率/[kg·(m·h)$^{-1}$]	梳毛机大锡林的速度/(m·min^{-1})	新鲜纤维密度/(g·m^{-2})
Ⅰ	17	450	0.6
Ⅱ	30	450	1.1
Ⅲ	30	800	0.6
Ⅳ	53	800	1.1

CSIRO 研究了四种条件对精梳毛条中纤维的豪特长度和落毛率的影响，如图 3-10 所示。如果仅增加新鲜纤维密度，即将条件Ⅰ与条件Ⅱ、条件Ⅲ与条件Ⅳ的研究结果进行对比，可以看出：随着新鲜纤维密度的增加，落毛率增加、豪特长度减短。如果仅增加锡林的速度，即将条件Ⅰ与条件Ⅲ、条件Ⅱ与条件Ⅳ的研究结果进行对比，可以看出：锡林速度的增加对豪特长度以及落毛率几乎没有影响，但是梳毛机的生产速率提高。如果增加锡林速度并且减少新鲜纤维密度，即将条件Ⅱ与条件Ⅲ的研究结果进行对比，可以看出：较高的锡林速度以及较低的新鲜纤维密度对梳毛机的生产速率没有影响，但是落毛率低、豪特长度长。最终得到的研究结论为：梳毛机大锡林的速度对豪特长度几乎没有影响，虽然目前锡林的速度已经是其传统速度的 2 倍；落毛率和豪特长度取决于新鲜纤维密度。

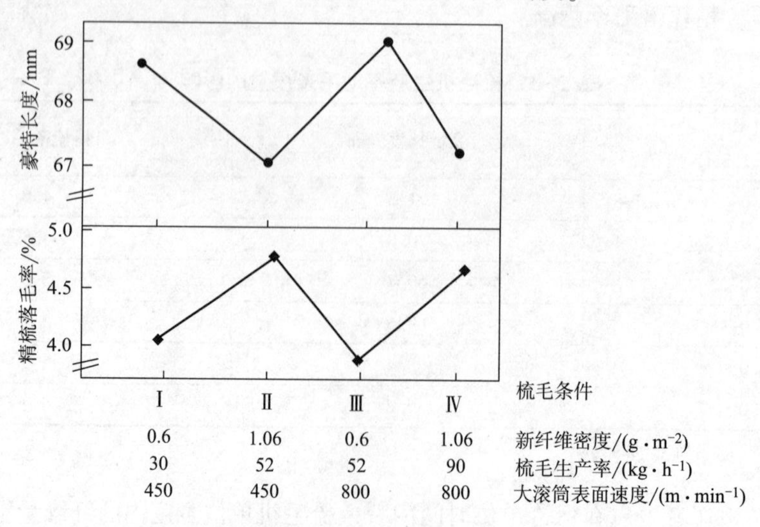

图 3-10 CSIRO 的研究结果

根据以上研究成果，CSIRO 与法国的梳毛机制造商 Thibeau 合作开发了全新的梳毛机——THIBEAU CA7 梳毛机，如图 3-11 所示，这种梳毛机的主要特征为：大锡林的速度最高可达 1200m/min、有 2 个毛刺打手、有 2 套道夫系统，1995 年在巴黎的国际纺织机械展上第一次发布了这种梳毛机。CSIRO 在 CA7 梳毛机上运用超细羊毛进行了试验，结果见表 3-5，从表中可看出：锡林速度提高对毛条中纤维长度以及精梳落毛率的影响很小，甚至没有影响；加工 17.2μm 的超细羊毛时，锡林转速提高后，精梳落毛率降低了 2%，这对毛条生产者是非常有利的。

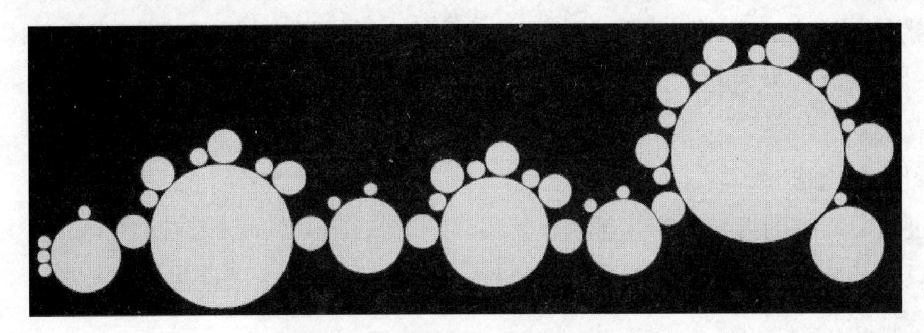

图 3-11　THIBEAU CA7 梳毛机

表 3-5　CA7 梳毛机上的试验结果

羊毛直径/μm	大锡林速度/($m \cdot min^{-1}$)	FFD/($g \cdot m^{-2}$)	梳毛机生产速率/[$kg \cdot (m \cdot h)^{-1}$]	豪特长度/mm	精梳落毛率/%
19.2	454	0.87	23.2	61.8	7.5
19.2	1036	0.87	53.3	61.0	7.3
19.2	1036	0.39	23.2	61.5	6.5
17.2	454	0.80	22.0	61.4	12.0
17.2	817	0.45	22.0	63.2	9.7

六、梳毛中毛粒的形成

毛粒是短纤维纠缠在一起形成的小粒，毛粒的形成是梳毛机的负面作用之一，如图 3-12 所示。一般认为，毛粒的形成与以下因素有关。

图 3-12　梳毛机上的毛粒

（1）洗毛工序纤维的缠结程度。洗毛过程中，纤维的缠结越多，缠结在一起的纤维的断裂率越高，纤维缠结的越紧密，在梳毛工序中越不容易将其分离。

（2）剥毛辊的隔距设置。隔距越大，可以更好地保持纤维长度，但纤维的缠结会越多。

（3）道夫的隔距设置。隔距越大，可以更好地保持纤维长度，但纤维的缠结会越多。

（4）锡林速度及纤维密度。锡林的速度越高，纤维密度越小，可使最终毛条中纤维长度增加、毛粒减少，并可减少落毛率。

（5）锡林与道夫的表面速比。速比越大，毛条中纤维长度越长，精梳落毛率越少。

（6）针布的种类及规格。较细的针布有利于减少纤维的缠结，清洁的、抛光的针齿有利于减少疵点。

（7）纤维的含湿量。

梳毛过程中纤维的缠结会产生毛粒，后续的针梳工序可以使纤维伸直但是也会使毛粒继续增加，只有精梳工序可以去除毛粒，如图3-13所示。梳毛工序产生的毛粒越多，精梳工序中的落毛率越高。

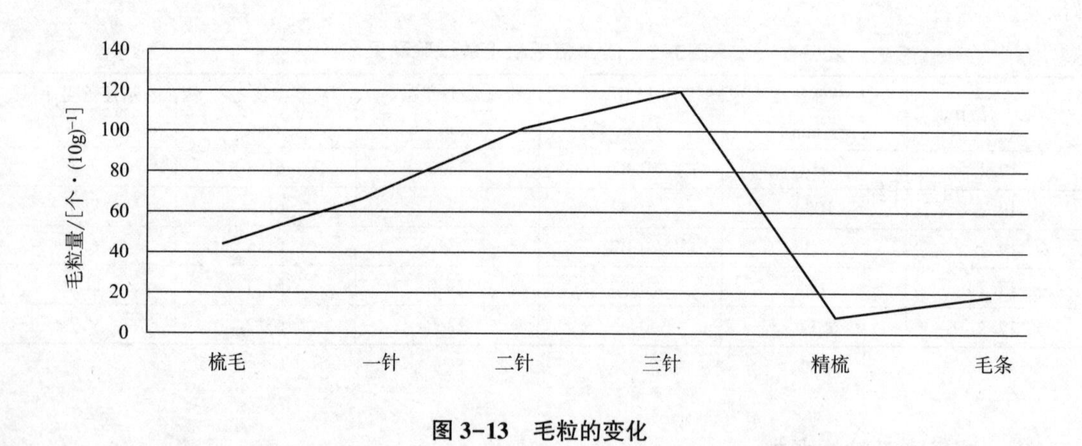

图3-13 毛粒的变化

七、梳毛中的润滑

在混合工序中，通常会在洗净毛中加入助剂，一般是加入润滑剂，以降低纤维与纤维之间以及纤维与金属之间的摩擦，从而减少静电。

在梳毛工序中加入润滑剂，可以使精梳后毛条的豪特长度增加，并使精梳落毛率降低，如图3-14所示。从图中也可以看出，梳毛生产率提高后，精梳落毛率增加，豪特长度降低。

洗净毛至精梳毛条加工过程中，可以使用的助剂种类很多，每种助剂对加工过程的影响是不同的。

1. 助剂的作用机理

梳毛工序中添加的助剂主要会影响纤维与纤维之间的摩擦、静电、纤维与金属之间的摩擦。

（1）纤维与纤维之间的摩擦。羊毛纤维表面有鳞片从而使其比较粗糙，因此为了将未润滑的羊毛纤维梳理开，需要相当大的作用力。如果未添加具有润滑性能的助剂，启动梳毛机并使其正常运转所需要的力会非常大，而且其中一部分能量会使纤维断裂。

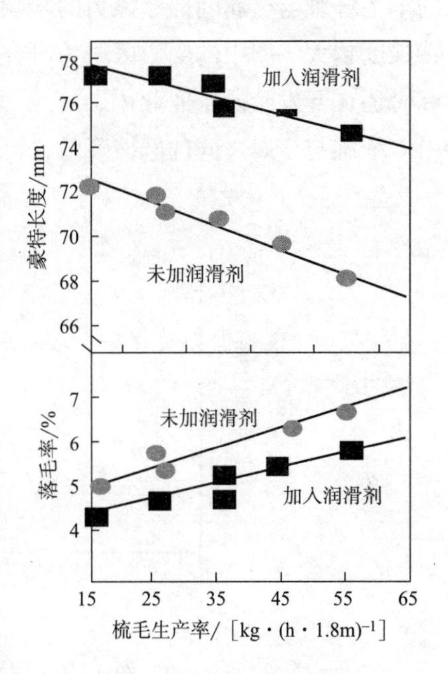

图 3-14 润滑剂的影响

纤维与纤维之间的摩擦包括两个方面：静摩擦，影响毛条的抱合；动摩擦，影响将纤维梳理开所需要的力。这两种摩擦在梳毛过程中都是非常重要的，梳毛过程中添加的助剂可能以不同的方式对动摩擦和静摩擦产生一定的影响。

如果要在梳毛工序中获得较高的毛条产量，而且毛条在加工过程中不断裂，则要求纤维网中纤维之间具有足够的抱合力。羊毛纤维的长度、细度和卷曲对纤维之间的抱合力具有积极的影响，如果纤维的这些性能不好，则需要添加助剂来弥补抱合力的不足。例如，加工短而有光泽的羊毛纤维时，就需要添加助剂以增加纤维之间的抱合。此外，助剂还可以减少纤维与纤维之间的动摩擦力。助剂对羊毛纤维之间摩擦性能的影响如图 3-15 所示，如果纤维之间的动摩擦力较小，则将纤维梳理开的力也较小。

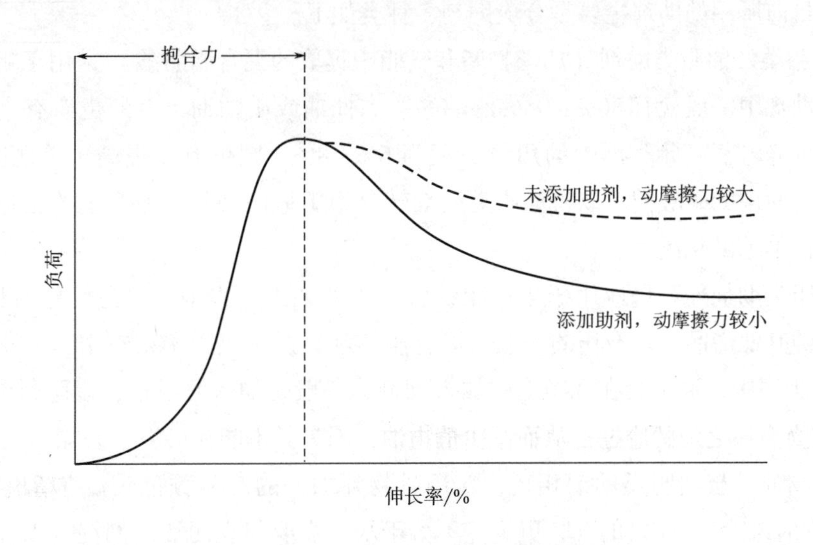

图 3-15 助剂对羊毛纤维之间摩擦性能的影响

（2）静电。梳毛过程中所添加的助剂的另一个作用是消除静电或防止静电的产生。应用助剂时，一般将其溶解或分散于水中，而水本身就是一种很好的抗静电剂。

（3）纤维与金属之间的摩擦。助剂也可以使纤维与金属之间的动摩擦减少，从而可以降低梳理所需的能量，使纤维断裂降至最低。CSIRO 的研究已经证实，减少纤维与金属之间的作用力对于减少羊毛加工过程中的纤维断裂是至关重要的。图 3-16 为润滑剂对 7 种不同细度的羊毛纤维与金属间的摩擦力的影响，从图中可看出：纤维与金属之间的摩擦系数越小，豪特长度越大。图中的阴影区域为研究时可用的商业润滑剂的范围，阴影区域外的润滑剂在研究时还在开发阶段未商业化。

纤维与金属之间的摩擦降低，可以使精梳落毛率降低，从而增加毛条的产量。

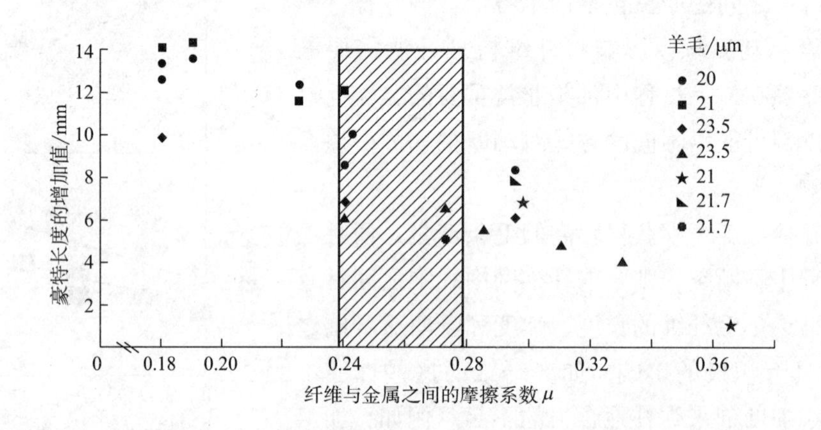

图 3-16 润滑剂对纤维与金属之间摩擦力的影响

2. 助剂的种类

历史上，在羊毛加工过程中所使用的有润滑作用的助剂是多种多样的，而且具有不同的化学成分。目前所用的助剂主要是合成助剂，种类如下。

（1）油脂类。油脂类助剂（从动物脂和骨脂中提取的混合脂肪酸）是用于粗纺中的传统助剂，这些助剂中一般含有30%~95%的油酸、中性油或矿物油，有的也含有乳化剂、氧化稳定剂以及抗静电剂。此类助剂的用量一般为6%~8%，则可有效提高羊毛之间的抱合力。洗毛过程中所使用的碳酸钠可以将油脂类助剂转化为肥皂而去除，但产生的肥皂经过彻底的洗涤后可能使羊毛碱化泛黄。

虽然油脂类助剂如今仍应用于生产粗纺针织纱的加工过程中，但是已经有比其更方便、经济且环保的其他产品。现在用的一般为混合脂肪油，但是仅用于粗纺中，毛条制造中没有广泛应用。

（2）植物油。毛条制造过程中不使用植物油，因为其不能在染浴中去除。

（3）矿物油。与油脂类助剂相比，应用矿物油加工的产品颜色较浅、氧化稳定性更好（可降低火灾的风险）、散发的气味更少、不溶于水（需要与表面活性剂混合以促进其在后续洗毛工序中的乳化），且具有不同的洗毛性能。矿物油必须在毛条制造完成后彻底去除，因为矿物油的残留会导致污染以及染色不均匀。直至20世纪80年代中期，这类助剂是毛条制造和纺纱中所用的传统助剂。

（4）合成产品。多种合成产品可以用作纺织加工中的助剂，如聚烷基乙醇、乙氧基化酯、脂肪酯、复合磷酸酯，将这些产品添加至加工过程中，可以使最终产品具有特定的性能。合成产品往往比矿物油贵，其用量一般为0.25%~0.5%。合成润滑剂是一种有效的抗凝剂和黏合剂，用量一般比油脂类润滑剂少。合成润滑剂突出的优点为：通用性强、稳定性好、易去除，采用温和的预洗涤条件即可将其去除，或者染色之前在染色机中通过漂洗将其去除，而且合成润滑剂可以溶于染浴中。目前日益严格的废水处理规定促进了可生物降解助剂的发展。

3. 助剂的选择

选择梳毛加工助剂（润滑剂）时，需要考虑的因素如下。

（1）技术参数。助剂可以使羊毛在梳毛和精梳过程中保持最佳的技术参数（如纤维断裂最少）。不同种类的助剂的性能以及对梳毛和精梳的影响见表3-6、表3-7。

表3-6　不同种类助剂的性能

助剂配方	摩擦系数	产生静电的可能性
A	0.299	0.7
B	0.271	0.8
C	0.209	6.0
D	0.233	1.4

表3-7　不同种类助剂对梳毛和精梳的影响

助剂配方	梳毛落毛率/%	梳毛后纤维长度/mm
A	5	93
B	5.5	98
D	5.3	100

（2）耐洗涤性能。在后续的加工过程中，毛条、纱线、织物大多数是湿态的，而且需要将之前添加的助剂去除。某些助剂的去除需要特殊的处理，而某些助剂在温水中（如染色之前的漂洗）就能将其去除，但是必须将洗涤废水中助剂的用量及可接受性考虑在内。

（3）溶解性。助剂一般是以水喷雾的形式应用的，因此需要其在冷水中可以溶解或乳化。很多纺织厂中使用的水是未软化的水，因此加工过程中所使用的助剂需要不受硬水的影响。

（4）稳定性。纺织加工过程中可能需要将助剂的乳液储存在水中，因此需要确保所选润滑剂的分散性在储存过程中不会分离、变得黏稠或颜色变暗。应该避免使用分散在羊毛上时容易氧化的助剂以及对微生物较敏感的助剂。

（5）存储性能。应该选择对运输及存储条件（如霜冻或高温）比较稳定的助剂，助剂的燃点（在空气中汽化形成可染混合物的最低温度）对于助剂的选择也是很重要的。

（6）毒性。如果使用不当，某些助剂会刺激皮肤或眼睛，纺织加工助剂要求毒性较低、中位致死剂量（LD50）值在“无害”范围内。

（7）对原料的影响。助剂不能对金属、油漆、塑料、橡胶或皮革产生有害影响，不能对梳毛机针布、精梳机顶梳、皮辊、牵伸皮圈等部件产生不利影响。

（8）与染色助剂的相容性。如果助剂可溶于水，则可以将处理过的毛条直接引入染浴中。染色中需要用到各种各样的助剂，因此需要对梳毛过程中应用的助剂与所用的染料配方之间可能存在的相互作用进行评估。

（9）助剂的成本。梳毛加工助剂的价格是毛条制造总成本的一部分，因此毛条的管理者需要考虑以下因素：助剂的用量、混毛程度（包括混合毛中油脂的含量）、梳毛机械的适用性、抄针回毛前的运行时间、真空抄针的可能性、梳毛或精梳效率、毛条产量。

（10）环境的影响。针对工业污水，所需要考虑的环境因素包括：生物降解率、产品的毒性、生物降解过程中代谢产物的毒性。

所有的有信誉的润滑剂制造商都会向用户提供助剂相关的技术信息，因此应该避免从不能提供足够产品技术信息的制造商处采购润滑剂。

4. 助剂的添加方法

梳毛加工助剂一般可以溶解于或分散于水中，含有助剂的液体被定量地施加到羊毛上，一般是在羊毛被运送至梳毛机中的储存箱的过程中添加助剂，所添加的助剂和水的量应该准确而且均匀分布在纤维中。先进的设备可以准确地控制助剂的添加量，并且可以对羊毛进行开松以利于助剂的均匀，如图 3-17 所示。

图 3-17　助剂的添加

可用的助剂添加装置主要有以下四种类型。

（1）内联喷雾添加装置。助剂和水被雾化后，在风扇之前以空气涡流的形式喷到羊毛上，或者在羊毛通过气动输送系统的主干线时将助剂喷到羊毛上。

（2）仪表控制添加装置。助剂和水沿着传送带喷到羊毛上，通常有 4 道喷柱。

（3）储料仓式添加装置。当羊毛落入储料箱时将助剂喷洒到羊毛上。

（4）塔式添加装置。塔式添加系统通过一个斗轮冷凝器将纤维喂入塔中，当纤维从塔上落下时喷洒助剂，塔的底部有一堆凹槽滚轴，将羊毛运送至气流输送系统中。

毛条生产过程中，如果在梳毛之前将助剂添加至洗净毛中，则一般在后续精梳准备的梳箱中也使用喷雾装置将少量的助剂和水喷洒到羊毛上，以利于针梳和精梳。

八、梳毛机的针布

梳毛机的针布主要有传统弹性针布和金属针布两种。

1. 传统弹性针布

如图 3-18 所示，传统弹性针布上排列有密密麻麻的金属针，这些金属针的形状、长度、直径、针距取决于梳毛机生产者以及应用时的特定要求。

图 3-18　传统弹性针布

2. 金属针布

如图 3-19 所示，金属针布是用一根锯齿状的金属丝缠绕在滚筒上，是 19 世纪下半叶发展起来的，用于商业化梳毛机中。

图 3-19　金属针布

梳毛机中的锡林、工作辊、剥毛辊上针布的选择需要考虑梳毛机生产效率与纤维断裂之间的平衡。一般来说，金属针布的寿命大约是传统弹性针布的 2 倍，有时可使用长达 10 年。如今，大多数梳毛机采用金属针布而不采用传统弹性针布，虽然金属针布中容易残留羊毛脂、污垢、毛刺等而降低梳毛机的生产效率。使用金属针布的梳毛机，需要平衡的因素是“纤维长度和毛粒产生”与“易维护和针布性能”。针布的选择取决于羊毛的种类以及所需要的产品的质量水平，梳毛机生产商应该与其供应商进行讨论。

梳毛机一般会使 30%或更多的羊毛纤维产生断裂，而且有研究表明，在现代精梳毛纺梳毛机中纤维断裂主要发生在梳毛机的前半段。

3. 工作辊针布

梳毛机中，工作辊针布上的针齿密度会影响梳毛机的效率。澳大利亚，有学者运用 19. 2μm 的羊毛进行了试验，结果如图 3-20、图 3-21 所示。试验结果表明：

（1）随着针齿密度的增加（即针齿更细），落毛率降低；

（2）梳毛条中毛粒含量的变化与落毛率的变化类似，随着针齿密度的增加，毛粒减少；

（3）隔距较小时，毛条中的豪特长度减短 2~3mm。

4. 针布的维护

梳毛机上的针布需要进行定期清洁，以去除其中积聚的羊毛脂、润滑剂、短纤维、污垢、灰尘等，又被称为“抄针”。

针布的清洁可以用以下方法：用抛光辊对针布上的针齿进行抛光，但是针齿中的硬树枝和毛刺需要手工去除；使用真空抄针装置；最好的方法是安装一种去除植物性杂质的装置。一般不建议对金属针布进行磨削，因为磨削会损伤针布的轮廓，最佳的做法是更换磨损或钝化的金属针布。

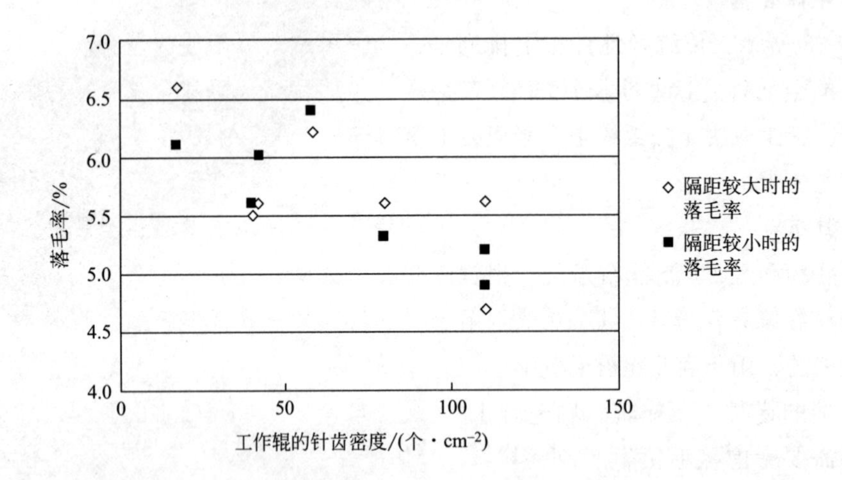

图 3-20　工作辊针齿密度对落毛率的影响

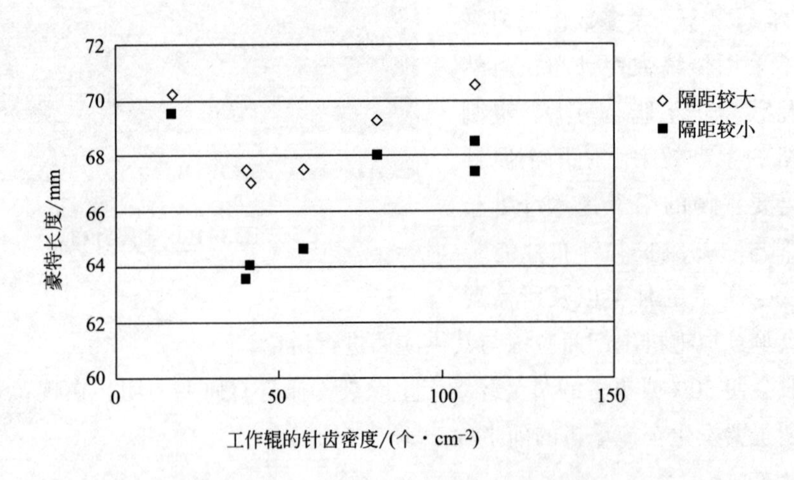

图 3-21　工作辊针齿密度对豪特长度的影响

九、梳毛工序需要平衡的因素

梳毛过程中需要平衡的因素如下。

(1) 羊毛纤维的含水率越高，抗静电性能越好，但是毛刺去除的效率越差、产生毛粒的可能性越大。

(2) 梳毛机中的梳理点越多，梳理的质量越好，但是纤维的损伤越多。

(3) 大锡林转速越高，梳毛机的生产率越高，但是车间中的飞花越多。

重要知识点总结

1. 梳毛的目的：开松纤维、去除植物性杂质、初步对纤维进行排列、形成梳毛条。

2. 设置梳毛机中的工艺参数时，应尽量减少由于洗净毛缠结而产生的纤维断裂、减少疵点和毛粒、在保证产品质量的前提下使梳理效率和利润最大化。

3. 原毛中影响梳毛加工工艺的关键性能包括含水率和残留杂质的多少。含水率会影响纤维的强度、纤维与纤维之间的摩擦、纤维与金属之间的摩擦，而且含水率对控制加工过程中的静电也是非常重要的，一般要求含水率为15%~17%。

4. 为了完成梳毛的目的，梳毛机中主要有三种运动：分梳运动，可以对团状和块状的纤维进行开松，并分离成单纤维；剥取运动，可以将羊毛从一个辊筒转移至另一个辊筒；提升运动，可以将锡林针齿底部的纤维提升至针齿的表面以利于纤维的转移。

5. 梳毛机的主要组成部分包括：喂入部分、刺辊、第一莫雷夫装置、胸锡林、第二莫雷夫装置、大锡林、工作辊、剥毛辊、道夫。

6. 梳毛机中隔距的设置是比较复杂的，对最终产品的质量有较大的影响，包括：梳毛生产率、毛粒的形成、纤维长度、落毛率。

7. 一般在混毛工序中向洗净毛中添加助剂（润滑剂）以降低纤维与纤维之间的摩擦以及纤维与金属之间的摩擦。梳毛工序中添加润滑剂可以使精梳后的豪特长度增加并使落毛率降低。

8. 梳毛机可用的针布有传统弹性针布和金属针布。

9. 精纺梳毛机中的一些最新研究进展，包括：梳毛速度对生产率和毛条质量的影响、金属针布密度对毛条质量的影响。

练习

1. 简述梳毛机中的三种运动，哪种运动对纤维的分离最重要？
2. 简述梳毛机的主要组成部分。
3. 毛刺打手是如何工作的？
4. 什么是毛粒？梳毛工序会使毛粒增加还是减少？
5. 原毛含水率对梳毛工序有何影响？
6. 梳毛工序所用助剂的作用机理是什么？如何应用？助剂的种类有哪些？
7. 新鲜纤维密度对梳毛工序有何影响？
8. 梳毛速度对梳毛工序有何影响？

第四章　针梳

学习目标：

1. 掌握毛条制造过程中针梳工序的目的。
2. 掌握牵伸的理论及机理。
3. 理解针梳工序的类型。
4. 了解针梳机的最新发展。

毛精纺加工过程中所用的针梳工序可以分成以下几类。

1. 预针梳

精梳之前的针梳称为预针梳。其目的为：

（1）对纤维条进行牵伸，使纤维排列整齐；

（2）多根纤维条喂入梳箱中输出一根纤维条，从而使纤维混合，称为并合；

（3）确保单位长度纤维条的重量均匀，以利于精梳机的设置；

（4）改变梳毛条中纤维的弯钩形态，确保进入精梳机的纤维中前弯钩纤维居多，以减少精梳机中纤维的断裂。

2. 末道针梳

精梳之后的针梳称为末道针梳。其目的为：

（1）对精梳后的纤维重新进行排列；

（2）确保精梳条的重量均匀，通过并合减少由于输入原料、精梳工序、牵伸工序所产生的任何不匀。

3. 牵伸和并条

粗纱之前的针梳称为牵伸和并条。其目的为：

（1）使精梳毛条和复精梳毛条逐渐变细；

（2）确保精梳条和粗纱的线密度的准确性，以达到最佳的纺纱效果；

（3）大量的牵伸。

在针梳过程中，当纤维条较厚时，可以采用梳针控制纤维的运动；当纤维条较薄时，则采用气圈罗拉或皮板可以更好地控制纤维的运动。

毛精纺加工过程中至少需要使用三道至七道针梳，正确设置针梳工序中的纤维负荷、牵伸、梳针等，可以使毛粒和精梳落毛率最小。

第一节　牵伸原理

梳毛条中的纤维在长度上有较大的差异，最短的 5mm，最长的 200mm，如图 4-1 所示，精梳后，较长的纤维仍然留在条子中，较短的纤维将成为落毛，更短的纤维将成为飞花。羊毛纤维长度的差异取决于纤维的种类和直径，长度差异使针梳工序中牵伸工艺的设置更加复杂。

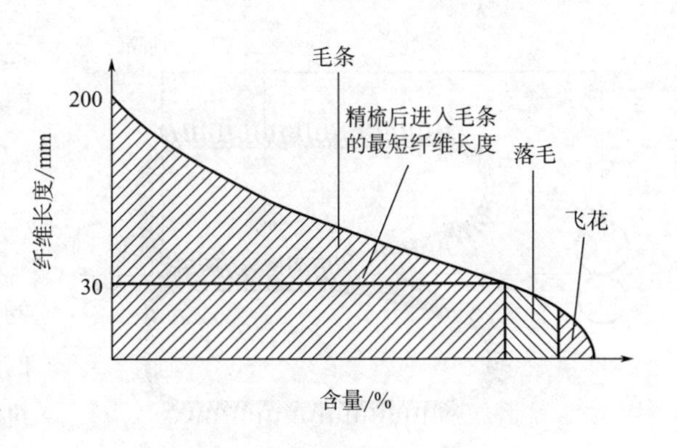

图 4-1 毛条中纤维的长度分布

如果没有并合只有牵伸，则毛条的重量将变小。最简单的牵伸系统仅包含两组表面线速度不同的罗拉，如图 4-2 所示，后罗拉的表面线速度较慢，以 SA 表示，前罗拉的表面线速度较快，以 SE 表示，则 SE 与 SA 的比值称为牵伸倍数。图中下面的罗拉为驱动罗拉，上面的罗拉由毛条的摩擦驱动旋转。上罗拉需要通过罗拉自身的重量或者机械装置（如弹簧、重力片、液压等）施加压力，加压的目的是确保上下罗拉钳口有足够的握持力，以使纤维在不产生滑移的情况下能够以后罗拉或者前罗拉的速度运行。施加到上罗拉的压力需要根据原料的种类、条子的重量、牵伸倍数、罗拉的速度等进行适当调整。

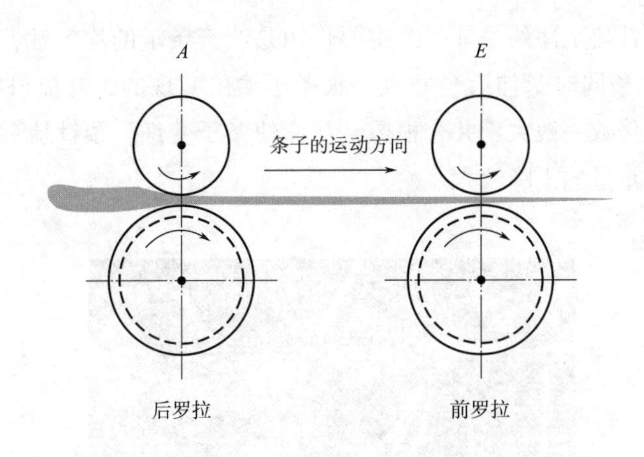

图 4-2 最简单的罗拉牵伸

下罗拉表面一般有各种形式的凹槽，前下罗拉表面的凹槽一般是螺旋形的，以保证有足够的握持力。上罗拉表面一般包覆柔软的合成橡胶，因此也叫作上胶辊。前罗拉的钳口握持力需要调整至适当的值，以确保纤维一旦被前罗拉握持就以与前罗拉相同的速度运动。

简单的两对罗拉的牵伸系统仅适用于条子中的纤维均较短且长度均匀一致的情况。为了避免纤维断裂，两对罗拉握持点之间的距离必须大于最长纤维的长度。条子中的大部分纤维，尤其是较短的纤维，会停留在两对罗拉中间的牵伸区域，这些纤维被称为“浮游纤维”，它们在到达前罗拉钳口之前即会在较长纤维的影响下变为快速运动，这主要是因为浮游纤维还未到达前罗拉钳口但是已经接触了以前罗拉速度运动的快速纤维，并在这些快速纤维的影响下变速。浮游纤维的提前变速，会导致条子的不匀，为了条子的均匀性有必要对浮游纤维的

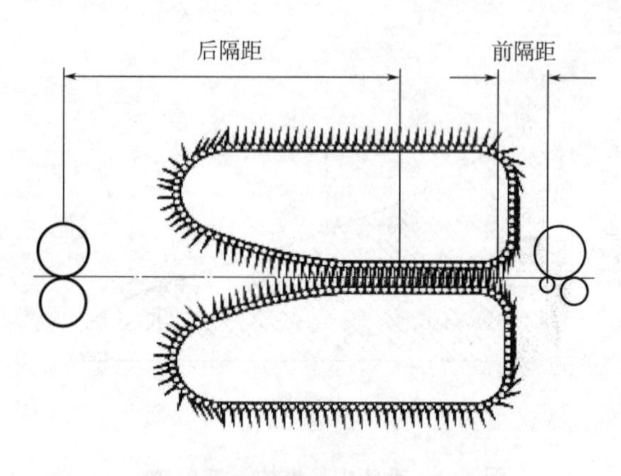

图 4-3　前后罗拉之间使用针板

运动进行控制，使其在未被前罗拉钳口握持之前一直以慢速运动，待其到达前罗拉钳口时再变速。这可以通过以下方式实现：

（1）在梳箱中使用针板，如图 4-3 所示；

（2）在两个罗拉之间再加支撑罗拉；

（3）在纤维须条的下方安装皮圈，须条的上方为罗拉，可以对上方的罗拉施加轻微的压力，这种方式一般用于粗纱机和细纱机中；

（4）上下罗拉外都加装皮圈，从而使纤维须条从皮圈中间通过，这种控制系统常用于牵伸倍数较大的摩擦纺纱机和细纱机中。

第二节　针梳机

除了牵伸作用，针梳工序的另外一个主要作用是改善条子的均匀性，这一作用是通过向梳箱中喂入多根纤维条同时牵伸后合并成一根条子输出实现的，针梳机的喂入如图 4-4 所示。针梳机中的牵伸倍数一般大于并合根数，从而使条子变细，预针梳后条子重量的下降较小，末道针梳后条子重量的下降较大。

图 4-4　针梳机的喂入

不同种类羊毛（细羊毛、粗羊毛）的长度差异较大，因此针梳机的工艺参数（如隔距）应根据纤维长度的变化而变化。每种羊毛的最佳工艺参数确定后应记录存档，以便日后加工相同品种羊毛时直接调用。

在针梳机喂入时会使用集合器，以使边缘产生的疵点最少。施加到纤维上的负荷应该适当，过大会产生疵点，过小会降低产量。针梳机中喷洒水分或润滑剂的位置及操作也应该谨慎，以使水分或润滑剂对牵伸或并合产生有利的影响。

一、交叉式针梳机

20 世纪 80 年代之前，大部分预针梳工序使用的针梳机为交叉式针梳机，其梳箱如图 4-5 所示。在交叉式针梳机中，牵伸区域中纤维的运动是由上下两组运动的针板控制的，针板的运动是由螺杆、链条或旋转槽驱动的。传统的螺杆驱动交叉式针梳机中，当喂入速度为 20~25m/min 时，牵伸区中每分钟落下的针排数为 2000 个。最近开发的链条式或旋转式针梳机中，针板是由跟踪装置连续驱动的，以定位引脚的方式插入或退出纤维条中，输入速度比传统的螺杆式针梳机快 3 倍。对于链条式针梳机，50%的纤维需要长于 50mm。

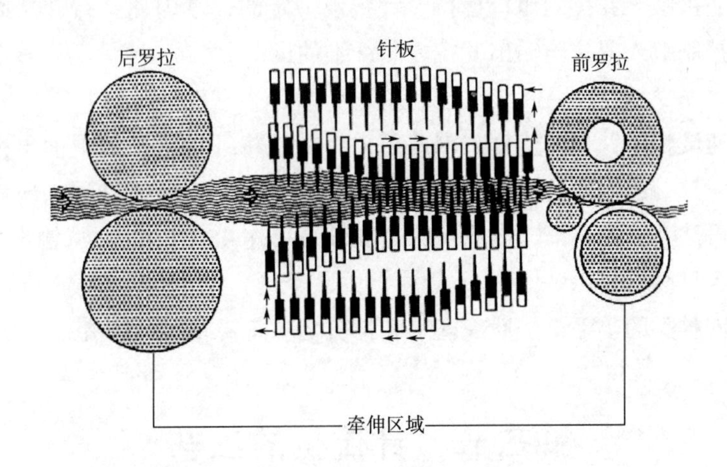

图 4-5 交叉式针梳机的梳箱

二、针梳机的组成

大多数的螺杆式、链条式、旋转式交叉针梳机上都具有的部件如下：纱架；一对喂入罗拉（即后罗拉）；用于控制纤维运动的交叉式针板；一对输出罗拉（即前罗拉）；用于盛放输出条子的条筒或毛球装置。

1. 纱架

纱架，用于引导条子的运动。如图 4-6 所示，针梳机每侧的纱架中都包含有一个较长的导条辊，在导条辊上有很多个导条罗拉在同一个点被驱动，在每个导条辊上都有一个光电检测装置，当没有条子喂入时，会使针梳机停止运转。在导条罗拉的引导下，多根条子（常用 6 根或 8 根）被喂入至喂入罗拉的钳口。

2. 喂入罗拉（后罗拉）

喂入罗拉的速度比导条罗拉的速度稍微快一些，以赋予喂入条子一定的张力。

图 4-6 纱架

3. 针板

当喂入罗拉将条子喂入交叉式针梳机的梳箱时，梳箱内针板上的梳针会插入条子中，此时条子的另一端还被喂入罗拉的钳口握持。针板以一定的速度匀速运行，从而带动条子向前运动。针板可以控制喂入罗拉与输出罗拉之间纤维的运动。

4. 输出罗拉（前罗拉）

输出罗拉的速度快于针板的速度，因此可以有效地将纤维从针板中抽出，使纤维得到梳理和伸直。输出罗拉与喂入罗拉的速比一般为 6~8，从而完成牵伸过程。现代针梳机中喂入罗拉的速度最高可达 90m/min，输出罗拉的速度最高可达 450m/min。从输出罗拉中输出的 1 根条子，再被送至后续的输出装置中。

对于各种不同种类的羊毛，一般在梳毛和精梳之间需要有 3 道针梳。

第三节 针梳机的工艺

一、纤维弯钩

弯钩是纤维弯曲形成的，是在梳毛过程中梳针在羊毛纤维上的作用而产生的，如图 4-7 所示。当纤维与梳针之间存在摩擦力时，梳针将纤维一端抽出，则另一端会形成弯钩。弯钩会使纱线产生疵点，且前弯钩和后弯钩的影响是不同的。

前弯钩纤维被喂入精梳机后很容易断裂，后弯钩纤维被喂入精梳机后则更可能被伸直，两种弯钩纤维精梳后豪特长度的差异为 3mm、落毛率的差异为 0.5%，后弯钩纤维精梳后豪特长度更长、落毛率更少。

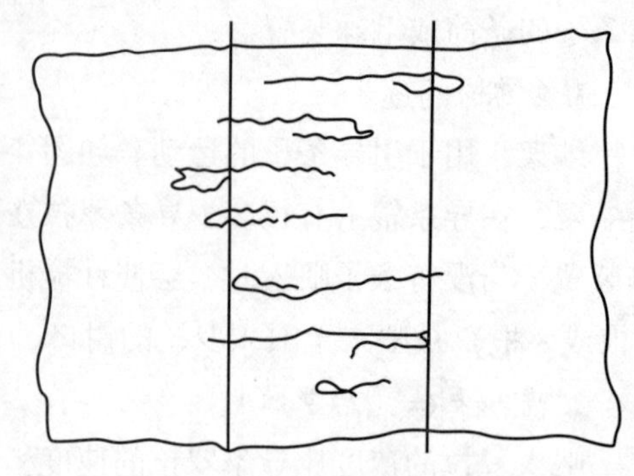

图 4-7 纤维弯钩

由于梳毛机中锡林与道夫之间的作用，从道夫输出的毛网中后弯钩纤维居多，而每经过一道工序，纤维的弯钩方向则改变一次，所以从梳毛至精梳之间配置奇数台针梳机可以使喂入精梳机中的纤维大多数为后弯钩纤维。

二、隔距

在针梳机的梳箱中，后罗拉握持点与针板输入端之间的距离称为后隔距，前罗拉握持点与针板输出端之间的距离称为前隔距，参见图 4-3。这两个隔距都是可调的，调整的依据为纤维的平均长度、长度离散性（CVH）、条子中纤维之间的抱合。

羊毛的质量和种类不同，即使用同一台设备加工，所设置的隔距也应该是不同的。应确保前隔距设置的准确性，从而使针梳机所生产的针梳条质量最优。

测量后隔距时，应该测试后罗拉握持点与针板握持点之间的最短距离，后隔距主要受以下因素影响：纤维的性能、牵伸倍数、针的几何形状、纤维负荷。在设置针梳机的隔距和牵伸工艺时，都应将这些因素考虑在内。纤维长度对牵伸工艺的影响较大，粗长羊毛的牵伸倍数可以比细短美丽诺羊毛的更大，而且纤维长度对前隔距的设置（图 4-8）也是至关重要的。根据实践经验，大多数针梳机上的前隔距可以设置为纤维平均长度（豪特长度）的一半，以更好地控制纤维运动，例如，羊毛的豪特长度为 65mm，则可将前隔距设置为 32.5mm，但是，当预针梳机中的负荷较大时，可以将前隔距加大 5mm。

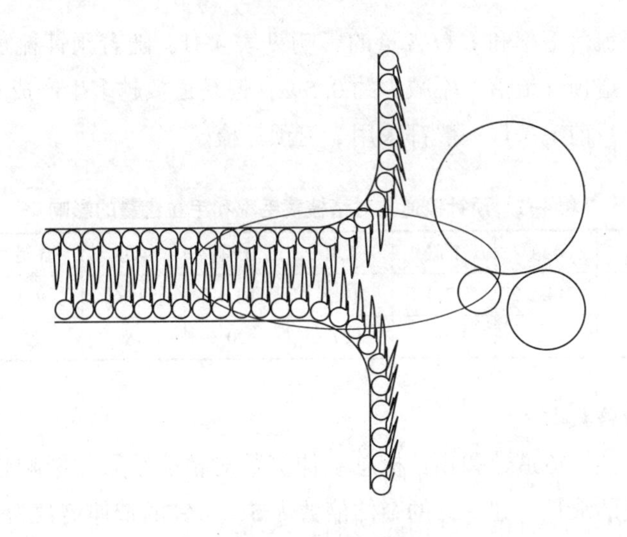

图 4-8　针梳机中的前隔距

随着针梳的逐步进行，后道针梳机中的隔距设置应逐渐缩短以更好地控制纤维运动。对于末道针梳机，当负荷较小时，前隔距应小于纤维豪特长度的一半。而且，当加工较短的混合纤维（如<50mm）或长度差异较大的传统羊毛纤维时，前隔距的设置至关重要。

三、毛粒

梳毛、针梳、精梳过程中毛粒的变化如图 4-9 所示。每道针梳都会使毛条中的毛粒含量显著增加，精梳可以使毛粒含量显著降低，但是精梳工序中毛粒的去除也会伴随着落毛率增加而增加毛条厂的生产成本。精梳后毛条中的毛粒含量较少，但是末道针梳又会使毛粒含量增加，而且羊毛越细，毛粒增加得越多。对梳毛条和精梳条的实验研究表明，梳毛网中的纤维排列是造成针梳机中毛粒增加的主要原因。

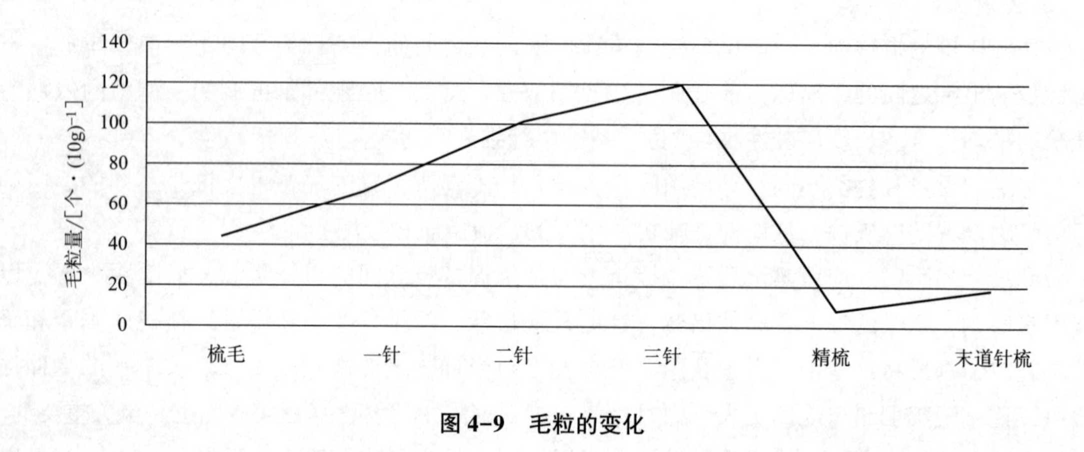

图 4-9 毛粒的变化

四、预针梳

1. 预针梳道数

预针梳道数对精梳落毛率和毛粒含量的影响见表 4-1，随着预针梳道数的增加，精梳落毛率减少，每增加 1 道预针梳落毛率减少约 0.5%，但是道数越多生产成本越高，因此从最优经济学的角度来看，目前毛条厂一般都采用 3 道预针梳。

表 4-1 预针梳道数对精梳落毛率和毛粒含量的影响

预针梳道数	0 道	1 道	2 道	3 道	4 道	5 道	6 道	7 道
精梳落毛率/%	14.6	12.1	10.8	10.1	9.6	9.3	9.0	8.8
100g 毛条中的毛粒个数	12	9	21	20	18	22	27	29

2. 预针梳总牵伸倍数

对于细长羊毛，预针梳道数和预针梳总牵伸倍数对精梳结果的影响较大。预针梳总牵伸倍数是各道牵伸倍数的乘积，如一针的牵伸倍数为 5、二针的牵伸倍数为 6、三针的牵伸倍数为 8，则总牵伸倍数为 240。预针梳总牵伸倍数对豪特长度和落毛率的影响见表 4-2，从实验结果可看出：对于细长羊毛，预针梳总牵伸倍数越大，精梳后豪特长度越长、毛粒含量越少、精梳落毛率越少。牵伸倍数越大，针梳后条子越细，但是如果同时增加牵伸倍数和喂入毛条根数，则对针梳后条子细度没有影响。

表 4-2 预针梳总牵伸倍数对豪特长度和落毛率的影响

实验条件	豪特长度/mm		落毛率/%	
	羊毛 1	羊毛 2	羊毛 1	羊毛 2
常规，三道预针梳，总牵伸倍数为 200	67.2	67.0	5.3	5.9

续表

实验条件	豪特长度/mm		落毛率/%	
	羊毛 1	羊毛 2	羊毛 1	羊毛 2
大牵伸，三道预针梳，总牵伸倍数为 1350	70.6	69.7	4.7	4.9

对于非常细的羊毛（如超细美丽诺、特细美丽诺），在精梳之前进行四道或五道针梳对提高精梳条质量是有利的。虽然四道针梳后，喂入精梳机的条子中前弯钩纤维居多，但是四道针梳可使纤维排列更加整齐，从而对精梳是有利的。

五、梳箱中的梳针

预针梳机的梳箱中梳针的排列取决于纤维性能、牵伸工艺、产量的需要。为了保持对纤维运动的控制，羊毛纤维越细、针梳机负荷越小，梳针密度应越大。常用的梳针规格见表 4-3，表中 R 表示圆针（图 4-10）、F 表示扁针（图 4-11），字母前面的数字表示针的号数（每英寸内针的数量）。从表中可看出，预针梳中所用的梳针相对较稳定，加工 17~21μm 的羊毛各道工序所用的梳针是相同的，加工 22~25μm 的羊毛各道工序所用的梳针是相同的。精梳后针梳所用的梳针变化较大，需要根据不同羊毛的性能选用适合的梳针。

表 4-3　针梳机的梳针规格

羊毛直径/μm	预针梳一针	预针梳二针	预针梳三针	精梳后一针	精梳后二针
17	3.5R	4.0F	5.0F	5.0F	6.0F
18	3.5R	4.0F	5.0F	5.0F	6.0F
19.5	3.5R	4.0F	5.0F	5.0F	6.0F
21	3.5R	4.0F	5.0F	4.5F	5.0F
22	3.0R	3.5R	5.0F	4.5F	5.0F
23	3.0R	3.5R	5.0F	4.0F	5.0F
25	2.5R	3.0R	5.0F	4.0F	5.0F

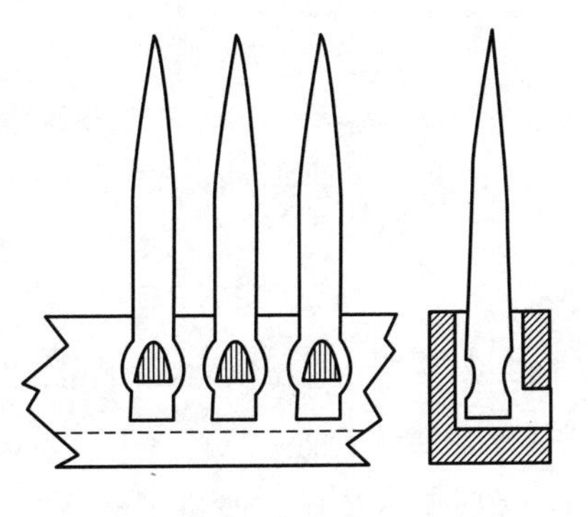

图 4-10　圆针

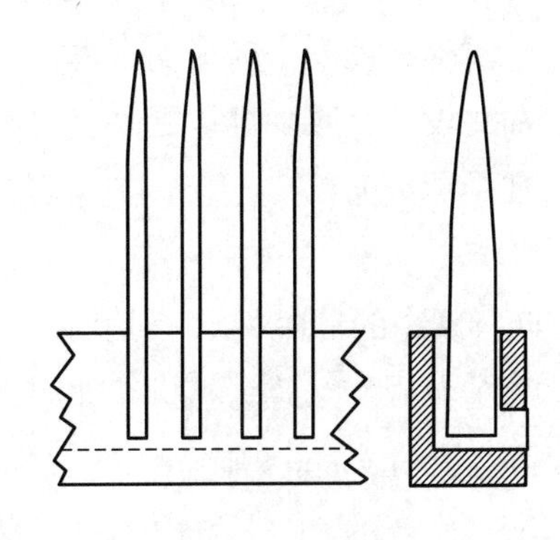

图 4-11　扁针

选择针梳机中梳针排列时，还需要考虑的因素包括：单位长度内的梳针数量；梳针的总量；梳针的长度；梳针伸出针板的程度；梳针针尖之间的距离；相邻梳针之间的自由空间，用 FS 表示；每厘米长度内总的自由空间，用 TFS 表示。不管加工哪种纤维，各道针梳机中的 TSF 应保持恒定，但是随着纤维平行度越来越高，FS 应减小（即梳针应更细，排列更紧密）。

针梳机的梳针有圆针和扁针两种类型，针的几何形状对针梳工序有较大影响。例如，大多数生产商已经意识到这一事实：16 号圆针的直径为 1.63mm，而 16 号扁针的宽度仅为 0.79mm。所以在选择梳针的几何形状时应谨慎，不能将相同号数的圆针和扁针混淆。

根据生产阶段、羊毛种类及相关需求，针梳机的梳针有以下两种类型。

（1）梳针全部插入条子中，此时针板的螺距（即针板上相邻梳针之间的距离）减小至 12mm，应该用扁针（每厘米 4~8 根扁针）。

（2）梳针部分插入条子中，一般仅三分之一的梳针插入条子中，当纤维整齐度较差时这种方法可以减少对纤维的损伤，应该用圆针（每厘米 3~4 根圆针），针板的螺距为 20mm。

六、精梳后的针梳

精梳后的条子还需要针梳及并合（称为末道针梳），以改善精梳过程中产生的不匀。在精梳工序中纤维头端的排列是随机的。

一般末道针梳需要 2 道，以使精梳毛条的均匀性达到纱线生产的要求。在末道针梳中需要赋予较大的牵伸，以使精梳毛条单位长度的重量满足纱线生产的要求。所生产的纱线越细，则需要更多道的末道针梳，以确保条子重量的均匀性。此外，末道针梳中也可以将不同颜色的毛条进行混合来生产多色纱线，同时确保最终纱线中颜色的均匀性。

第四节　针梳机的最新发展

一、先进针梳机的发展的目标

先进针梳机的发展的目标一般包括：

（1）通过提高速度来提高生产率；

（2）简化设计，减少批量更改期间的停机时间；

（3）使维护更简单。

二、两种新型的针梳机

（1）VSN 单眼交叉式针梳机，如图 4-12 所示，该设备是由 Sant Andrea/Finlane 发明的，出条速度可达 450m/min，前隔距设置较短，改进了气流式清洗装置。

（2）NSC 生产的 GC15 和 GC40 针梳机，如图 4-13 所示，该设备改进了清洁装置，出条速度最高可达 400m/min 和 600m/min。

图 4-12 VSN 单眼交叉式针梳机

图 4-13 GC40 针梳机

重要知识点总结

1. 针梳工序可分为：精梳前针梳（预针梳）、精梳后针梳（末道针梳）、复精梳后粗纱前的针梳（末道并条）。

2. 针梳的目的：使纤维顺直、通过并合将纤维进行混合、降低毛条重量以满足后续加工的需要。

3. 牵伸过程中应重点控制后罗拉与前罗拉之间纤维的运动，如使用针板、罗拉、皮圈等，以使条子更加均匀。

4. 与针梳相关的重要问题：

（1）在精梳和复精梳之前的预针梳工序，应控制纤维弯钩（预针梳道数为奇数）、恰当的混合、减少毛粒的形成；

（2）精梳之后的末道针梳，应控制确保提高毛条重量的均匀性、毛条重量达到客户的规格要求。

练习

1. 梳毛后针梳工序的目的是什么？

2. 针梳工序是否会改变纤维的长度？

3. 什么是后隔距和前隔距？

4. 什么是并合？为什么需要并合？

5. 什么是纤维弯钩？弯钩对加工过程有怎样的影响？

6. 什么是毛粒？毛粒对加工过程有怎样的影响？

7. 精梳后针梳的目的是什么？

第五章 精梳

学习目标：

1. 掌握毛条制造过程中精梳工序的目的。
2. 掌握影响精梳工艺的关键因素。
3. 理解精梳的生产条件对毛条质量的影响。

精梳工序（图 5-1）是毛精纺加工过程的中间工序，该工序的主要作用包括：

（1）进一步对条子中的纤维进行排列，使其伸直、平行和分离；

（2）进一步去除残余的植物性杂质；

（3）去除梳毛和针梳工序产生的毛粒；

（4）去除纺纱过程中不易控制的短纤维；

（5）制成精梳毛条，以利于后续的牵伸和纺纱工序。

图 5-1 精梳工序

精梳工序对后道工序的加工效率以及纱线和最终产品的质量起着至关重要的作用。

影响精梳工序的因素包括：喂入的混合原料的规格、喂入的羊毛的状态、所需毛条的规格、精梳机的工艺设置、精梳加工过程中的操作条件、精梳生产所需必备的能力等。

第一节 精梳机的工艺过程

现在精梳毛纺加工过程中所使用的精梳机一般都是直型精梳机（也称为“法式精梳机”），早期的精梳机是圆型精梳机，但现在圆型精梳机已不再使用，因为其生产效率比直型精梳机低得多。

一、精梳机工作的四个阶段

精梳的机理比较复杂，直型精梳机的梳理过程可分为四个阶段。

（1）在未被精梳机梳理的喂入毛条前端形成毛丛，如图 5-2 所示，形成的毛丛由钳板钳口握持。

（2）装在上钳板上的小毛刷将毛丛纤维的头端压向转动的精梳锡林（圆梳）的梳针针隙

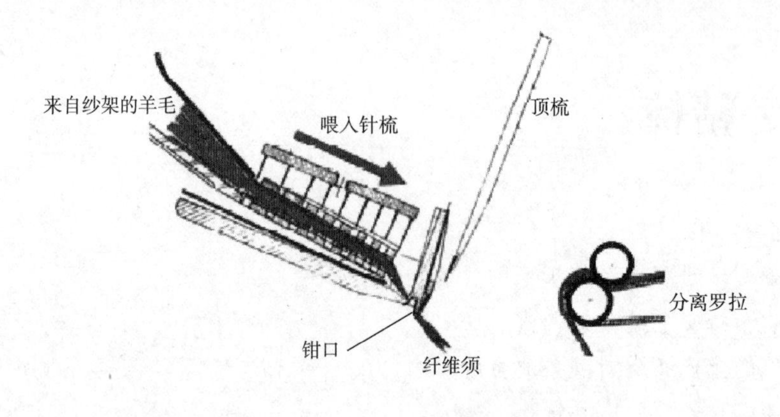

图 5-2 形成毛丛

内，接受圆梳梳针的梳理，如图 5-3 所示。圆梳上只有部分圆周有梳针，而且圆梳上的梳针从第一排至最后一排其针的密度逐渐增加、细度逐渐变细。未被钳板钳口握持住的短纤维会充塞在圆梳梳针的底部，并由毛刷刷下、由道夫聚集，经道夫刀剥下成为精梳落毛储存在短毛箱中，如图 5-4 所示。此处是精梳机中的第一次精梳落毛，落毛的多少与喂入针梳的运动以及纤维长度有关，形成的毛丛较长则落毛较多，形成的毛丛较短则落毛较少。

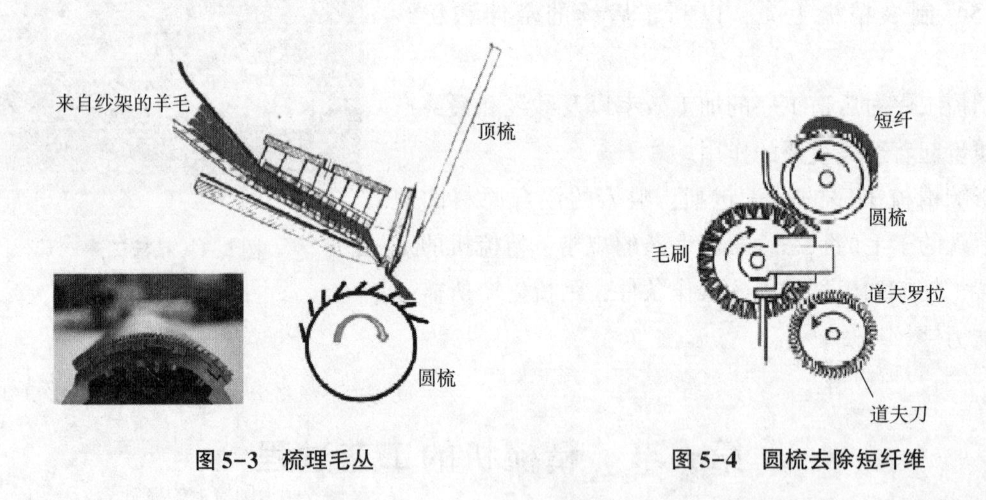

图 5-3 梳理毛丛　　图 5-4 圆梳去除短纤维

（3）梳理结束后，钳板钳口开启，将梳理好的须丛向前输送至拔取罗拉，拔取罗拉向后摆动，夹持住钳口外的毛丛，顶梳插入毛丛并向前移动，将梳理好的纤维从未梳理的毛条中抽出，如图 5-5 所示。

钳口张开，铲板向钳口方向伸出以托持毛丛，顶梳上细小的梳针向下插入毛丛中。下方的拔取罗拉与拔取皮板可抓住纤维末端，并通过顶梳将纤维抽出至拔取皮板上。毛丛中的短纤维、毛粒、植物性杂质会被顶梳梳针阻挡，在下一个工作循环中由圆梳梳下成为精梳落毛，此处是精梳机中第二次精梳落毛，在这些精梳落毛中，植物性杂质、灰尘、飞花所占的比例较大，需要从第一次精梳落毛中分离出来。在拔取阶段，喂入针梳插入至喂入毛条中以确保纤维不会被拔取罗拉带走。

（4）当所有的长纤维都被拔取后，拔取车离开钳口向外摆动，拔取罗拉反转，由拔取罗

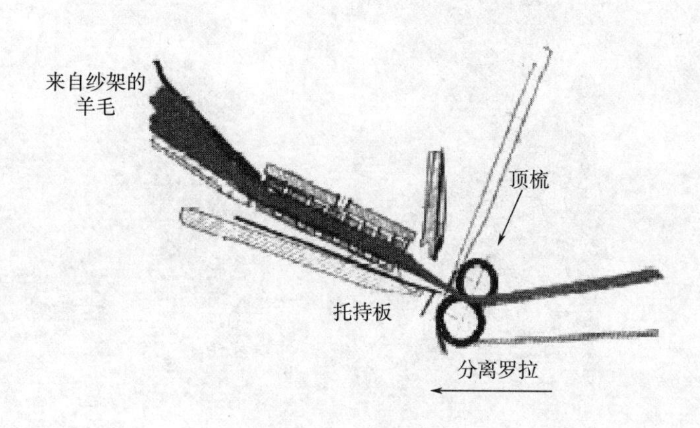

图 5-5　拔取毛丛

拉拔取出来的毛丛，与前一周期梳理好的毛丛的尾端进行搭接，并输出机外。喂入针梳向前转动，喂入一定长度的未梳理过的毛丛，钳板钳口闭合，开始下一个工作循环。

二、圆梳和顶梳

为了达到理想的精梳效果，不同质量的羊毛应配备使用不同的精梳锡林（圆梳）和顶梳。与圆梳、顶梳有关的参数包括圆梳上梳针的密度、顶梳上梳针的密度，这两个参数需要根据精梳机的负荷、喂入长度、牵伸长度进行调整。

顶梳上一般包含固定带，加工美丽诺羊毛所用的典型的梳针密度为 24 针/cm。顶梳的使用寿命约为 21 天，具体时间取决于顶梳的安装以及顶梳所使用的材料。

圆梳上的梳针排列如图 5-6 所示，可以分为粗针和细针两部分，不同精梳机上这两部分的设计是不同的，最常用的是圆梳上总共 20 排梳针，10 排粗针、10 排细针。

图 5-6　圆梳上的梳针

三、精梳工艺设置

精梳机中所有的设置都是至关重要的，并且这些设置不管是单独的还是联动的，都会影响生产率、精梳毛条质量、豪特长度和落毛率、设备磨损等。

1. 精梳机的喂入

精梳机的喂入主要有两种形式：毛球喂入（图 5-7）和条筒喂入（图 5-8）。大多数羊毛尤其是粗羊毛都使用条筒喂入。

细羊毛的卷曲程度一般较高，对细羊毛进行精梳时，使用毛球喂入可提高精梳条的质量，而且落毛率可比条筒喂入的减少 0.5%~1.0%。

图 5-7　毛球喂入

图 5-8　条筒喂入

对植物性杂质含量较多的羊毛进行精梳时，一般需要降低精梳机的负荷以保证精梳效果，可采取的做法有：精梳机速度低则使用针齿密度较大的圆梳和顶梳；使用毛刺刀；减少喂入长度；增加钳口隔距。

2. 精梳中的故障

精梳毛条中毛粒或纤维疵点过多可能是由许多因素造成的。为了识别各种疵点，拔取罗拉将纤维网运送至拔取皮板上后则立即对精梳毛网进行检查是非常重要的，常见的疵点及可能产生的原因如下。

(1) 纤维头端精梳效果差。可能是由以下原因导致的：圆梳上的梳针磨损、损坏或梳针较脏；钳板刷的设置不当；钳口隔距过小；钳板高度过高。

（2）纤维尾端精梳效果差。可能是由以下原因导致的：顶梳和圆梳上的梳针均损坏或较脏；精梳喂入不当，特别是与牵伸罗拉有关的设置；顶梳上的梳针太细。

（3）精梳毛条中有毛束或较小的纤维疵点。可能是由以下原因导致的：圆梳毛刷设置不当；道夫上的梳针损伤或较脏；道夫刀的设置不当。

（4）毛网清晰度差。可能是由以下原因导致的：圆梳梳针较脏；钳口隔距过小；顶梳与牵伸罗拉的距离过大；顶梳梳针太粗或梳针较脏；顶梳梳针损坏。

3. 精梳机中梳针的磨损

羊毛纤维的耐磨性相对较好，因此需要定期对精梳机中的工作部件进行检查，以确保其几何形状和工作性能保持正常，这对精梳机中的梳针是非常重要的，尤其是对较细的梳针。正常条件下使用，精梳机中梳针的寿命约为 6 个月，因此必须制定梳针的日常维护程序并严格执行。

四、精梳质量控制

为了保证精梳毛条的质量，需要有技术人员对精梳机中拔取皮板上的毛网（图 5–9）进行评估并测试相关性能（如毛粒）。如果测试得到的毛粒含量或植物性杂质含量不能满足毛条质量的要求，在不影响精梳生产率的前提下，可以采取以下措施进行改善：降低喂入负荷、增加喂入长度、使用梳针更细的顶梳。如果这些措施还是不能改善，则只能采取增加落毛率减少生产率的措施。

图 5–9　拔取皮板上的毛网

第二节　现代精梳机

由于受精梳加工特点的影响，从 1965 年到 1985 年精梳机的生产率提高缓慢，但随后在20世纪90年代急剧增加，见表5-1。与1985年相比，2005年精梳机的生产率提高了50%。

表5-1　精梳机生产率

羊毛纤维直径/μm	精梳机生产率/［kg·（h·台）$^{-1}$］	
	1985年	2005年
17~18	22~24	40
19~22	26~33	46
21~25	30~37	52
26~30	39~45	60

一、现代精梳机的特点

现代精梳机的主要特点如下：

（1）在清洁能力方面有了较大的突破，尤其是超细羊毛中毛粒的去除；

（2）增加了设备的宽度和喂入长度，使产量增加了25%；

（3）使用较小的360°固定的圆梳，转速恒定；

（4）进一步细化接触点，从而简化维护和减少移动部件；

（5）电子设定钳口隔距和喂入长度，从而可以记录加工不同羊毛时的精梳工艺；

（6）速度保持在每分钟260个循环；

（7）用特殊轮廓的刷子代替钳板刷；

（8）电力消耗7.28kW；

（9）拔取罗拉的移动距离减少至49mm。

二、精梳机的最新发展

Finlane公司在2003年推出了一款新型精梳机，是在P100精梳机基础上改进的，这台新型精梳机的特点如下：

（1）运行速度为每分钟280个循环；

（2）圆梳的直径更大，纤维与圆梳的接触面积更大，从而改善清洁效果和操作过程；

（3）增加了固定拱的角度，保证了纤维加工的渐进性和温和性；

（4）改变了顶梳的位置和轮廓，使清洁更加有效；

（5）加工细羊毛的生产率可提高2.3~2.5倍；

（6）将承担主传动的行星齿轮增加至四个；

（7）采用电子方式调整钳板设置；

（8）自动调整钳板刷。

NSC公司在2003年推出了一款新纪元精梳机，其主要特点为：毛粒去除效果提高、设备宽度及喂入长度增加、能耗更低且更容易维护。

第三节　精梳后的针梳

精梳后的毛条还需要经过一次或多次末道针梳，主要目的是：使条子的细度及单位长度重量更加均匀、调整含水及含油量、为顾客提供最终的精梳毛条。

第一次末道针梳机可以为毛条加水调整含水量。第二次末道针梳机上一般有机械式或电子式自调匀整机构，并且可以将毛条加工成不同种类的卷装以满足顾客的需求，常用的卷装包括10kg或22kg的松式毛条、10kg的紧式毛条或毛球，如果没有要求，毛条厂生产的卷装一般是22kg的松式毛条。

针梳机的停机次数及时间越少，则生产效率越高。现代的高速针梳机可以更高的效率生产50kg的松式毛条。纺纱前一般需要对精梳毛条进行复精梳。

重要知识点总结

1. 精梳工序的目的：排列纤维使其进一步伸直平行、去除残留的植物性杂质、去除梳毛和针梳工序产生的毛粒、去除短纤维、制成精梳毛条以便进行进一步的牵伸和纺纱加工。

2. 精梳机的工作原理是周期性地分别梳理毛丛的头端和尾端，圆梳梳理头端，顶梳梳理尾端。

3. 精梳工艺设置和维护对提高精梳的质量都是非常重要的，包括精梳机的梳针、纤维负荷、精梳速度。

4. 末道针梳的目的是：使不同长度的纤维随机排列、生产细度及单位长度重量均匀一致的毛条、确保纤维充分混合、视情况调整纺纱所需要的含水和含油量、为顾客提供最终产品。

练习

1. 精梳工序的目的是什么？
2. 精梳机中主要的工艺部件有哪些？其作用分别是什么？
3. 加工粗羊毛和细羊毛所使用的梳针配置是否相同？为什么？
4. 精梳纤维头端和尾端梳理效果较差的原因是什么？
5. 精梳机上的负荷对精梳有何影响？
6. 精梳后针梳的目的是什么？
7. 什么是精梳落毛？精梳落毛有何用途？

第六章　用原毛性能预测毛条性能

学习目标：

1. 掌握 TEAM 公式的意义及作用。

2. 理解 TEAM 公式在羊毛采购和加工中的应用。

3. 理解在质量保证（QA）体系中 TEAM 公式的使用。

毛条制造工序的目的是将含脂羊毛（原毛）加工成符合纺纱厂要求的精梳毛条，并将毛条价格控制在合理的范围内。

毛条的规格最终是由毛条与其他纤维混纺的纱线所决定的。考虑到毛条规格和生产成本这两个因素，混毛工序是一个非常复杂的过程。随着原毛客观检测技术的发展，现在已可以采用科学的方法进行混毛。

用来测试羊毛的所有重要物理特性的测试仪器和方法包括：纤维直径和直径变异系数（CVD）；纤维卷曲率；纤维长度和长度变异系数；纤维的强力和断裂位置；植物性杂质含量；颜色。运用羊毛的这些性能可以计算得到毛条性能和某些工艺参数。

第一节　TEAM 公式

一、TEAM 公式的意义

在 20 世纪 80 年代进行的一系列被称为“评估额外测量实验”的国际实验中，国际羊毛组织 IWTO 的研究小组开发了 TEAM 公式，该公式可以根据原毛的检测性能预测毛条的性能，如毛条中纤维的豪特长度、毛条中纤维豪特长度变异系数（CVH）、精梳落毛率。

在 20 世纪 80 年代 TEAM 公式试验的初始阶段，这些公式被用来评估原毛的哪些性能在预测毛条性能方面是重要的。第一组 TEAM 公式随后通过验证试验，并在 1988 年创建了豪特长度、豪特长度变异系数（CVH）、精梳落毛率预测的 TEAM 公式。无论是与出口商还是精梳厂有关联的毛条生产者，现在都可以使用这些公式购买和评估原毛，通过权衡原毛的价格和销售批次的客观测试值，毛条生产者可以在客观测试值的基础上优化采购。随后，研究小组又做了额外的工作开发了 TEAM-2 和 TEAM-3 公式，三个 TEAM 公式如下。

TEAM-1　豪特长度（mm）：

$$H=0.43\mathrm{S}L+0.35SS+1.38D-0.15\mathrm{MBC}-0.45VM-0.59\mathrm{CVD}-0.32\mathrm{CVL}+21.8$$

TEAM-2　豪特长度变异系数（%）：

$$\mathrm{CVH}=0.30SL-0.37SS-0.88D+0.17\mathrm{MBC}+0.38\mathrm{CVL}+35.6$$

TEAM-3　落毛率（%）：

$$R=-0.13SL-0.18SS-0.63D+0.78VM+38.6$$

公式中字母的含义如下：SL=毛丛长度；VM=植物性杂质含量；CVH=豪特长度变异系数；SS=纤维强度；MBC=修正后的中间断裂（假如纤维尖端至断裂点的长度占纤维总长度的比例<45%，则MBC=45%；假如这个比例>45%，则MBC=实际值）；D=纤维平均直径；CVD=纤维直径变异系数；CVL=毛丛长度变异系数。

通过对一个批次羊毛的加权客观测试，毛条生产者可以计算出所有重要的加工性能参数和毛条的性能。个别工厂也会使用类似的公式来指导工厂的加工过程。尽管一些毛条生产者仍会使用未经检测的羊毛混毛，以降低其价格，但更合理的方法是通过规格测试和预测来管理其经济效益。购买基于客观测试的特定羊毛可以为毛条生产者提供诸多优势，包括：交付时检测异常情况并将异常情况最小化、提高处理预测和生产力的能力、监控工厂资本投资的能力、监控和评估精梳结果的能力并将其与采购决策联系起来。

二、TEAM公式预测实例

运用TEAM公式预测豪特长度的实例如下。

已知原毛的性能参数如下：毛丛长度为75，毛丛长度变异系数为10，纤维强度为38，纤维平均直径为16，纤维直径变异系数为18，植物性杂质含量为1.0，中间断裂位置为45。将这些参数分别代入至TEAM-1、TEAM-2、TEAM-3中，可以分别得到豪特长度、豪特长度变异系数、落毛率的预测数值。计算过程如下：

$$\text{豪特长度}=0.43\times75+0.35\times38+1.38\times16-0.15\times45-0.45\times1-0.59\times18-0.32\times10+21.8$$
$$=68.41\ (\text{mm})$$

$$\text{豪特长度变异系数}=0.30\times75-0.37\times38-0.88\times16+0.17\times45+0.38\times10+35.6=41.41\ (\%)$$

$$\text{落毛率}=-0.13\times75-0.18\times38-0.63\times16+0.78\times1+38.6=12.71\ (\%)$$

如果工厂使用的羊毛来自采集数据集的羊毛中，那么预测就是有效的。然而，如果工厂使用的数据超出了TEAM公式的界限，如羊毛纤维直径过大，则需要谨慎使用TEAM公式进行预测。过度地依赖TEAM公式而不具体参考内部数据集可能会得出不正确的结论。

TEAM-3公式是将所有工厂的性能参数的平均值应用于一个通用公式中，因此，不同工厂的参数的修正系数可能会有很大的不同。

TEAM公式的适应性强，有单独的工厂调整技术，以及针对不同的混毛或加工流程的工厂内部调整，所有这些调整都只是开发适合于工厂特定公式的一个开始，在工厂开发出适合自己的特定公式之前，TEAM公式预测只是被视为一个起点。

工厂所加工毛条的性能参数的预测值与实际值之间的一个关键区别在于中间断裂的影响和断裂发生时的载荷，某个工厂的临界值可能是32N/tex，而另一个工厂的临界值可能是38N/tex，这种差异对工厂所加工的毛条的性能有很大的影响。同样，一些工厂比其他工厂对植物性杂质的种类和数量更加敏感。

第二节　纤维性能对毛条性能的影响

纺纱过程中使用的精梳毛条是用不同批次的含脂羊毛制成的，因此精梳毛条中束纤维的强度和断裂点的位置是不同的。为了研究束纤维强度和断裂点的位置对毛条性能及纺纱过程的影响，技术人员进行了试验研究。

试验研究中，不同批次的含脂羊毛的平均直径均为 22μm，长度均为 87mm，但束纤维强度和断裂点的位置（POB）不同。试验时使用的含脂羊毛分别包含四种不同的束纤维强度：20N/ktex、30N/ktex、40N/ktex 和 50N/ktex，和三种断裂点位置：中间断裂（M）、根部断裂（B）、尖部断裂（T）。

在试验研究中，12 批次的羊毛被加工成毛条，纤维的平均直径和长度在允许的误差范围内保持恒定。然后，通过改变纺纱速度，将这些精梳毛条在两种张力下纺成纱线。

一、束纤维强度对毛条中纤维长度的影响

束纤维强度和断裂点位置对毛条中纤维豪特长度的影响如图 6-1 所示。从图中可以看出，束纤维强度越高，豪特长度越长；中间断裂的纤维制成的毛条中的纤维豪特长度比根部断裂及尖部断裂的更短。

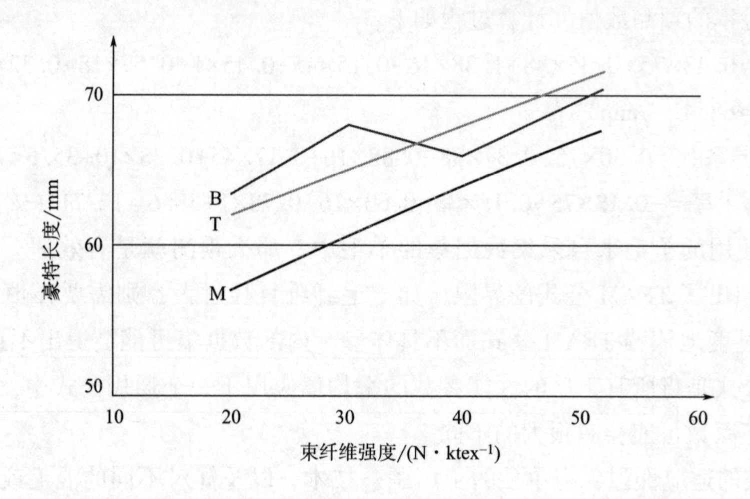

图 6-1　束纤维强度和断裂点位置对毛条中纤维豪特长度的影响

二、束纤维强度对精梳落毛率的影响

束纤维强度和断裂点位置对精梳落毛率的影响如图 6-2 所示。从图中可以看出，束纤维强度越高，精梳落毛率越少。在此试验研究中得到的结论为：纤维断裂点的位置对精梳落毛率几乎无影响，但是实际生产中，尖部和根部断裂的纤维在精梳工序中的落毛率比中间断裂的纤维的更多。

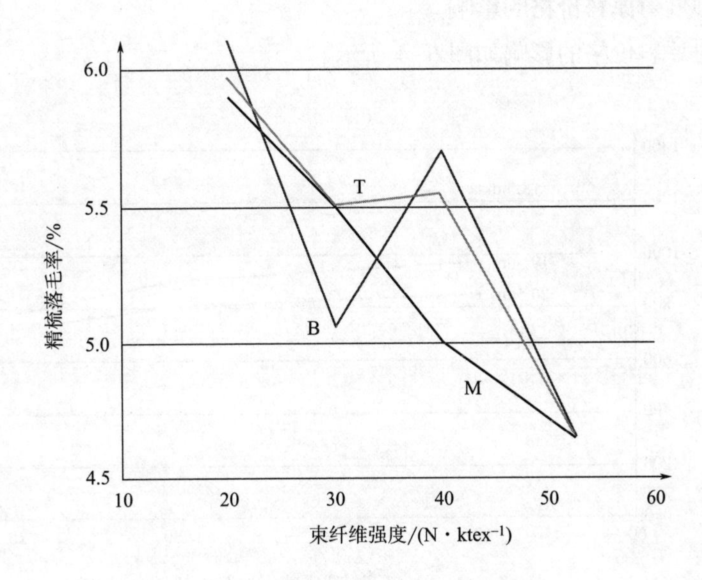

图 6-2　束纤维强度对落毛率的影响

三、束纤维强度对毛条中短绒率的影响

束纤维强度和断裂点位置对毛条中短绒率的影响如图 6-3 所示，此处的短绒率是指短于 40mm 的纤维所占的百分比。从图中可看出：束纤维强度越高，短绒率越低；中间断裂纤维所产生的短绒比根部和尖部断裂的更多。

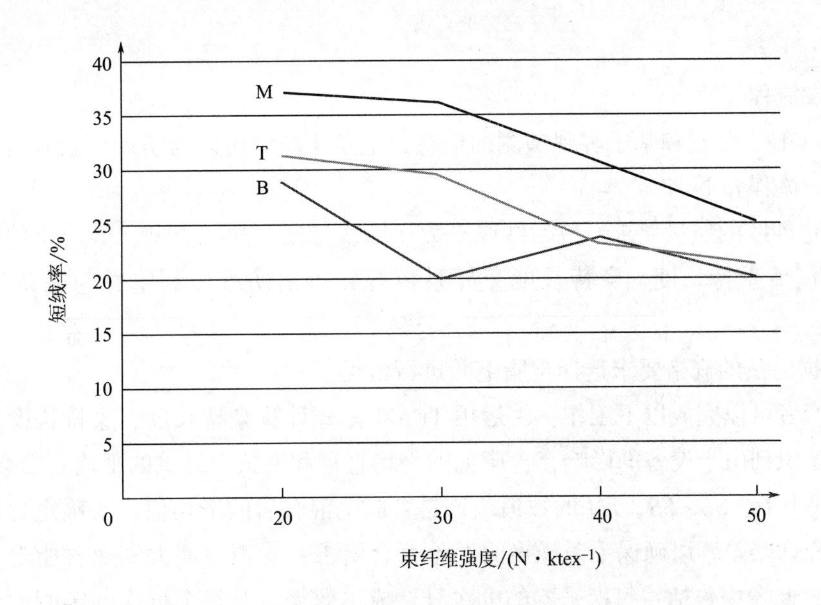

图 6-3　束纤维强度和断裂点位置对毛条中短绒率的影响

四、束纤维强度对原料价格的影响

束纤维强度对原料价格的影响如图 6-4 所示。

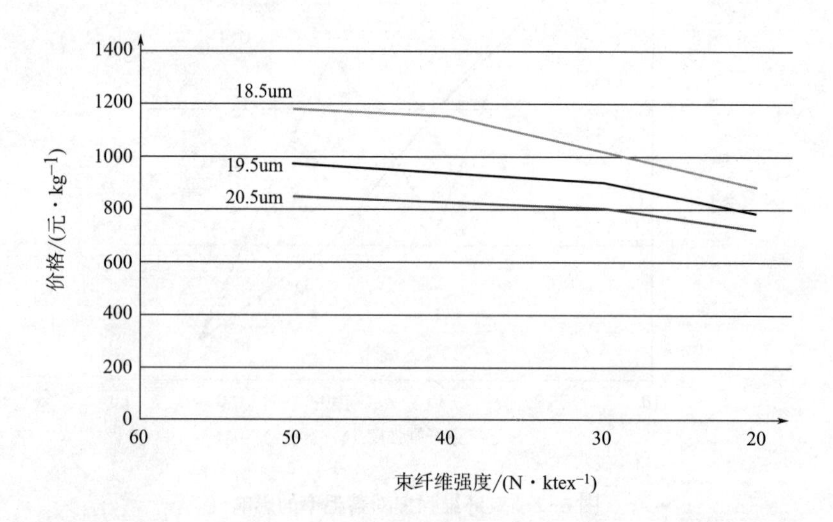

图 6-4　束纤维强度对原料价格的影响

从图 6-4 中可以看出，束纤维强度越低，羊毛纤维的价格越低；纤维细度越细，束纤维强度越低。

第三节　含脂羊毛的开发流程

一、开发流程

有了 TEAM-3 公式和基于客观预测的信息，毛条生产者可以与纺纱厂就其所需纱线的类型进行谈判。流程如下。

（1）确定纱线的质量要求，包括纱线支数、纱线捻度、纱线类型、纱线拉伸性能等。毛条的规格（包括豪特长度、豪特长度变异系数等）可由纺纱厂制定并与毛条生产者协商确定。

（2）根据毛条的规格要求选择含脂毛并进行混毛。

毛条生产者可以完成以下工作：①运用 TEAM 公式计算豪特长度、豪特长度变异系数和落毛率；②认识到由于设备的影响，含脂毛的平均直径和毛条中纤维的平均直径会有所不同；③TEAM 公式中 *D*、*SL*、*SS*、*VM* 的数值应该是含脂毛混合后的平均值；④确定含脂毛的各个性能指标的允许误差，以确保毛条规格的误差符合要求；⑤填写澳大利亚含脂毛规格表，如图 6-5 所示，此表中包括：每次采购的批次号、成本数据以及每个批次的客观测试值、每批产品在总批次中的重量比例等信息。

（3）毛条生产者与澳大利亚羊毛供应商讨论含脂毛的规格。

在以上流程中，可以通过计算机软件确定最佳的技术参数和成本参数。大多数先进的毛

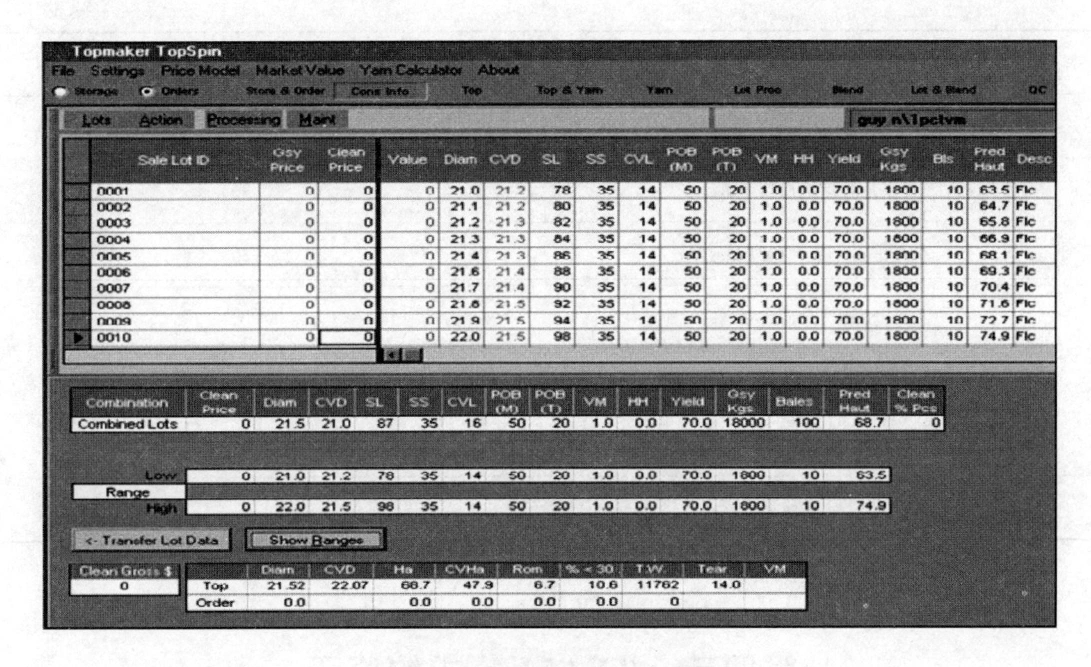

图 6-5　澳大利亚含脂毛规格表

条生产者都使用某种形式的软件程序来支持其采购决定。

与这些技术因素相结合的是供应的可靠性和连续性问题，作为毛条生产者必须意识到这一问题，以确保能够从价格敏感的供应商处获得充足和持续的原料供应。因此，毛条厂的负责人需要在生产前能够对毛条质量进行较为可靠的预测，并确保最终的产品质量令客户满意。在这一过程中，毛条厂的负责人可以通过谈判以较低的成本购买略有不同的羊毛，从而削减生产成本，但仍能满足纺纱厂的需求，同时提高利润。

二、开发实例

某一毛条厂对含脂羊毛的规格要求见表 6-1，以确保毛条所需的纤维长度（豪特长度）与由 TEAM-2 公式计算预测得到的数值一致。含脂羊毛的性能变化以及该变化对豪特长度和原料成本的影响应该是可控的。表 6-1 中每个性能的误差范围要求应该由毛条厂和纺纱厂共同协商确定。

表 6-1　含脂羊毛的规格要求

项目	指标
纤维平均直径/μm	21.0
平均直径允许误差范围/μm	±1.0
含脂原毛平均长度/mm	87

续表

项目	指标
平均长度允许误差范围/mm	±15
平均强度/（N·$ktex^{-1}$）	36
强度最小值/（N·$ktex^{-1}$）	26
植物性杂质含量/%	1
植物性杂质最大值/%	3
不能含有的植物性杂质种类	种子/碎木片
根据TEAM-2公式预测的豪特长度/mm	62

第四节　TEAM公式的修正

TEAM公式是根据使用某些特定羊毛的若干工厂提供的平均数据开发的。个别工厂可能会因为加工的羊毛的类型、可用的设备以及加工条件不同，导致实际生产数据与用TEAM公式得到的预测数据之间略有不同，见表6-2。因此，每个工厂在应用TEAM公式时，都必须根据工厂的实际情况对其进行修正，可以通过若干批次的预测结果与实际结果之间的平均差值进行修正。

表6-2　实际数据与预测数据

项目	豪特长度/mm	CVH/%	落毛率/%
工厂实际生产数据	68.0	47	12.0
TEAM公式预测数据	70.0	47	7.0
实际与预测的差异	2.0	0	5.0

毛条生产者的职责是获得加工过程中的真实数据，并将其与TEAM公式的预测数据进行比较，以确保获得准确的结果。预测值和实际值可以绘制在时间表中，如图6-6所示，为两个工厂的豪特长度的实际值与预测值之间的差异。其中，图6-6（a）所示的图片中预测值和实际值之间的差值有时为正有时为负，而且差异的幅度是波动的，这也可反映出该工厂对原料采购及其加工过程的控制情况较差。而图6-6（b）所示的图片中，实际值始终大于预测值，而且差异的幅度几乎一致，这可反映出该工厂对原料采购及其加工过程进行了有效的控

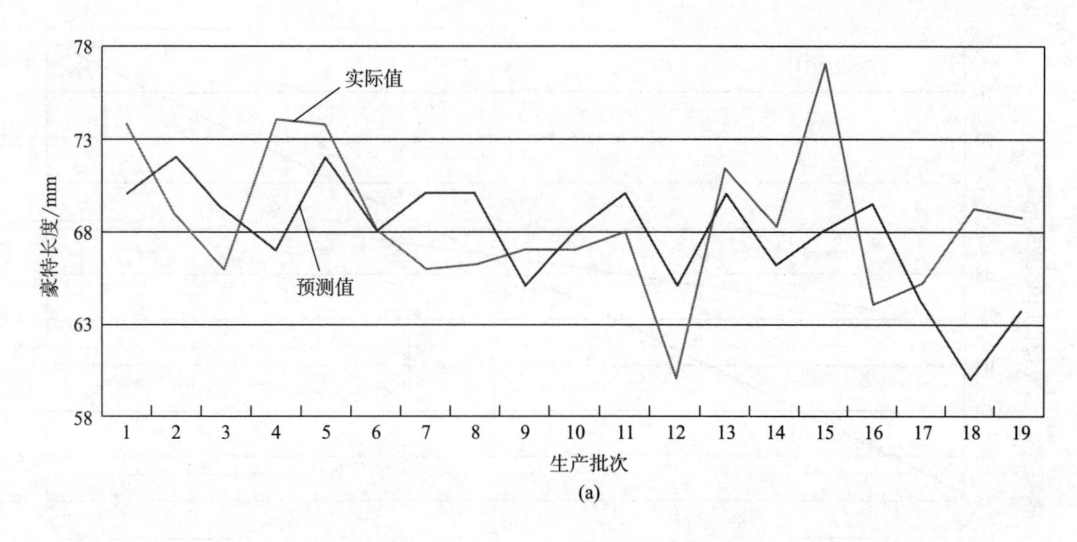

(a)

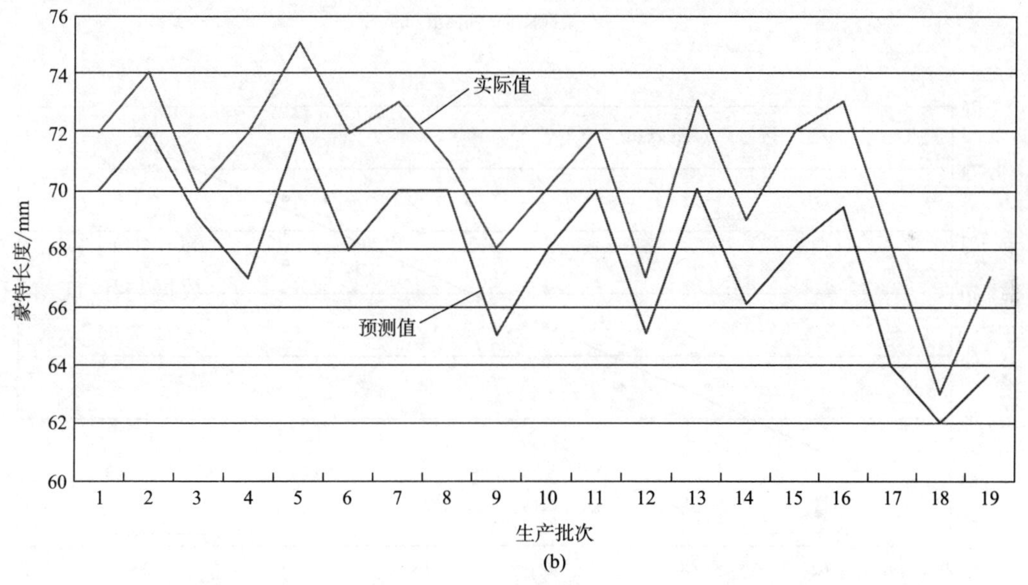

(b)

图 6-6　预测值与实测值

制并取得了较好的效果。

此外，预测值与实测值之间的关系还可以用其他的图表方式进行表示，如图 6-7 所示，图中确定了两者之间的相关系数（R^2）。其中，图 6-7（a）中的相关系数较小，表明预测值与实际值之间几乎无相关性，这意味着该工厂的生产管理较差，产品质量没有得到有效的控制；而图 6-7（b）中的相关系数较大，表明预测值与实际值之间有很强的相关性，这意味着该工厂处于有效的管理之下。

TEAM 公式的适应性较强，合理地应用 TEAM 公式，可以使毛条生产者获得更大的利润。

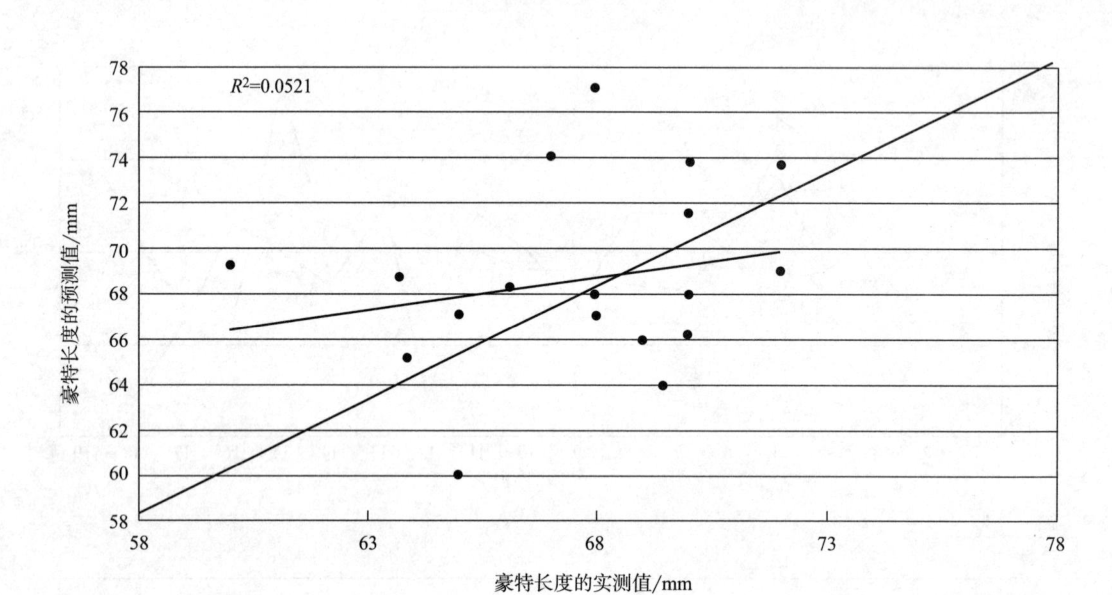

(a)

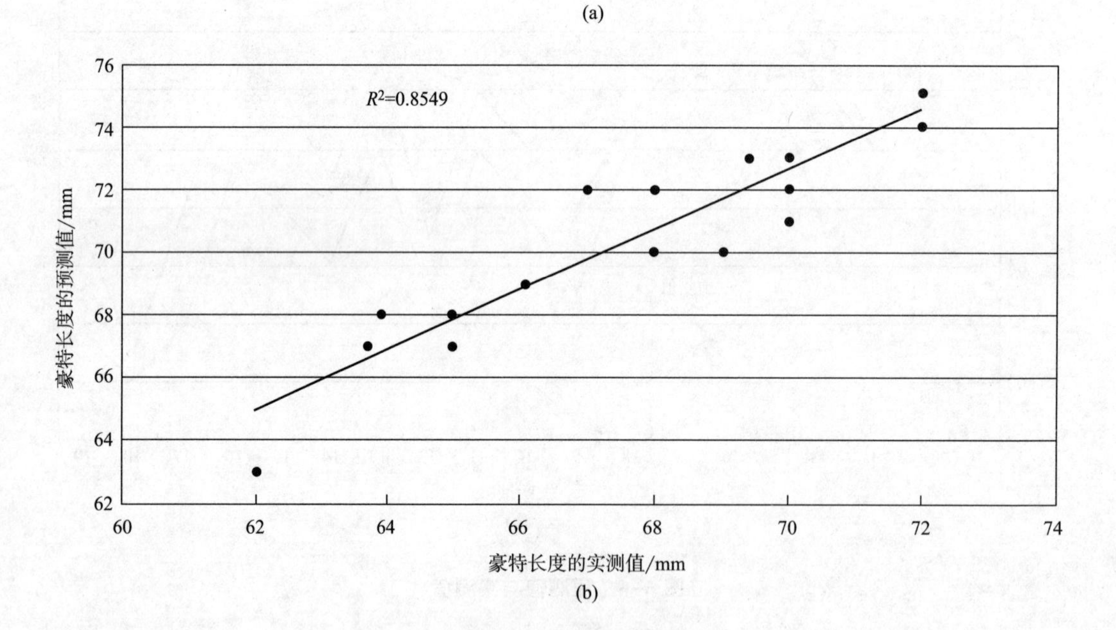

(b)

图 6-7 实测值与预测值之间的关系

重要知识点总结

1. 用原毛性能预测毛条性能的原理。

2. TEAM 公式的意义及其应用。

3. 理解预测值与实际值之间的差异，并指导实际生产和保证质量。

练习

1. TEAM 公式可以预测哪些性能？

2. 为什么使用 TEAM 公式？

3. 如何运用 TEAM 公式评估精梳工序？

4. 根据以下原毛的性能，用 TEAM 公式计算豪特长度、豪特长度变异系数和精梳落毛率。

性能	数值
纤维平均直径/μm	19.0
纤维直径变异系数/%	20
纤维直径允许误差范围/μm	±1.0
毛丛长度/mm	70
毛丛长度变异系数/%	30
毛丛长度允许误差范围/mm	±15
纤维强度/($N \cdot ktex^{-1}$)	30
强度最小值/($N \cdot ktex^{-1}$)	25
中间断裂位置/%	40
植物性杂质含量/%	1
植物性杂质含量最大值/%	3
不能含有的植物性杂质种类	种子/碎木片

第七章　毛条的质量保证

学习目标：

1. 掌握决定毛条质量的关键参数。
2. 掌握用于评估毛条质量的测试方法和测试仪器。
3. 理解取样和测试的基本原理。
4. 了解与质量保证相关的毛条的性能。

第一节　毛条的质量属性

如第一章中所述，毛条的主要质量属性包括：平均纤维直径、直径离散 CVD、纤维长度（豪特值、巴布值）、纤维长度离散（CVH、CVB）、短纤维含量、植物性杂质（每 100g 毛条中所含杂质的数量和大小）、溶剂可萃取物质、毛条重量（每米克重）、毛条米重变化（Uster *CV* 值）、含水量（%）、毛粒（每 100g 毛条中所含杂质的数量和大小）、颜色、纤维改性（如防缩处理）。

毛条的质量保证可通过图 7-1 所示的程序实现。质量保证包含一个反馈回路，对测试结果进行评估，并在此基础上对生产工艺进行调整。

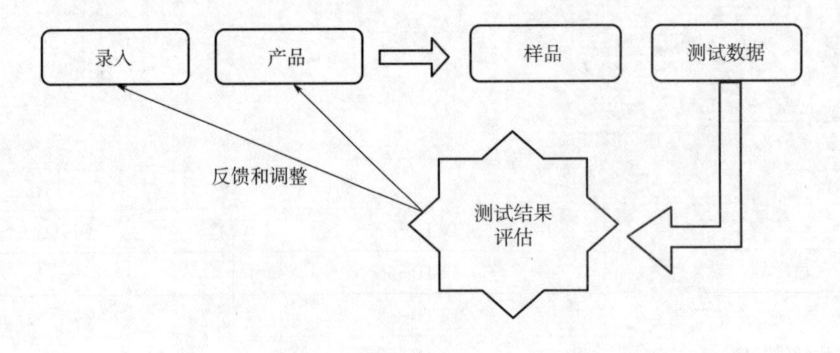

图 7-1　毛条质量保证的程序

第二节　取样和测试概述

毛条制造中关乎质量控制（QC）和质量保证（QA）的两个重要方面是取样和测试。

一、取样

合理且全面的取样和测试制度在任何程序中都是必要的，并且所取得的样品必须能真实地反应整体。取样时必须注意采用误差最小的取样技术，并基于统计学原理。

1. 精梳毛条和梳毛毛条的取样

精梳毛条比梳毛毛条更加均匀，因此取样时也更好操作。为了更好地进行质量控制，测试精梳毛条和梳毛毛条的重量时都需要注意以下问题：如何测量得准确米数、切割和称量经回潮平衡后的材料的方法。同批次中纤维的含水率可能会有所不同，从而会影响梳毛毛条的重量，对针梳机进行适当调整可以将梳毛毛条的重量变化控制在设定重量±0. 4g/m。

2. 取样的频率

当6~8根条子以80m/min的速度喂入末道针梳机中时，若需要检查每个条筒，则意味着每12. 5min就要取样并称重和调整一次，这显然不可能实现。因此，一般在加工新批次的初始阶段就对设备进行设置和检查，且每班次检查1~2次，每次设置和检查后都需要进行取样。构建质量控制图表是确定设备何时需要调整的一个有效方法。

二、毛条检测

精梳毛条是羊毛贸易中关键的一种形式，因此在毛条厂中，一些客观的测试方法被广泛应用于评价毛条的价值。常见的检测参数以及测试这些参数使用的IWTO方法见表7-1。

表7-1　毛条检测参数及IWTO检测方法

毛条检测参数	IWTO方法	测试方法
平均纤维直径	IWTO-8	投射显微镜法
	IWTO-12	激光扫描法
	IWTO-18	气流法
	IWTO-47	OFDA法
纤维直径分布	IWTO-8	投射显微镜法
	IWTO-12	激光扫描法
	IWTO-47	OFDA法
色泽	IWTO-56	
平均纤维长度	IWTO-18	阿尔米特法
	DTM16	WIRA纤维图示法
	DTM1	梳片法
纤维长度分布	IWTO-18	阿尔米特法
	DTM16	WIRA纤维图示法
	DTM1	梳片法
残留脂肪性物质	IWTO-10	

毛条检测前的取样按照IWTO-6执行，遵循如下规则：样品需要平均分散从毛包中抽取，且取样过程需要贯穿整个批次。每个毛包抽取1个样品，每批次最少抽取5个样品，如果是

在加工过程中取样，应当在整个加工过程中等间隔取样。

原毛检测和毛条检测的关键区别在于毛条中羊毛纤维长度的测试。

第三节　纤维长度和长度分布的测试

一、测试参数

精梳毛条、梳毛毛条中羊毛纤维的长度和长度分布特征可以用许多参数来表征，IWTO 标准中采用如下的参数：

（1）豪特长度 H：单位为 mm，指纤维横截面（或者线密度）加权的平均长度。

（2）巴布长度 B：单位为 mm，指纤维重量加权的平均长度。

（3）CVH：基于纤维豪特长度的纤维长度变异系数。

$$\mathrm{CVH}=\sqrt{\frac{\text{巴布长度}-\text{豪特长度}}{\text{豪特长度}}}\times 100\%$$

（4）CVB：基于巴布长度的纤维长度变异系数。

（5）L 值：如 $L10H$ 代表达到最长纤维长度的 10%的长度。

（6）K 值：如 $K20H$ 代表短于 20mm 的纤维占全部纤维的百分比，即毛条中短纤维的含量（图 7-2 中阴影部分）。

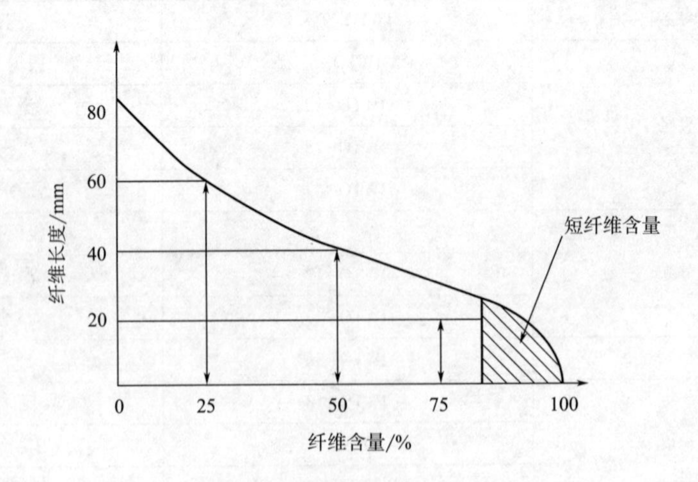

图 7-2　羊毛纤维的长度分布

二、测试方法

测试梳毛毛条和精梳毛条中的纤维长度分布的方法主要有以下几种。

1. 梳片法

标准 IWTO DTM-01 中采用的测试方法是梳片法，如图 7-3 所示，这是一种使用时间最长的测量梳毛毛条和精梳毛条中纤维长度分布的方法。测试步骤如下：

（1）将毛条铺成方形；

（2）从毛条的末端拽取纤维；

（3）将纤维的边缘放在梳床上排列，用第一把梳子握持住纤维的尾端；

（4）梳子依次下滑；

（5）取下伸出在梳子外的纤维，并称重；

（6）根据长度区间内纤维的重量可以计算出纤维的长度分布特性。

图 7-3　梳片法

一项实验室间的比对试验证明用这种方法测量豪特长度的误差是 0. 86。

2. 维拉（WIRA）长度仪法

标准 IWTO DTM-16 中采用的测试方法是维拉长度仪法，如图 7-4 所示，这是 20 世纪 60 年代发明的一种测试仪器。测试步骤如下。

（1）将毛条铺成方形；

（2）从毛条尾端拽取纤维，将拽取出的纤维夹持在一个塑料带上，制成试样条；

（3）将试样条通过一个电容测量头喂入，电容的变化值对应纤维的长度。

测量电容最大值的 5%（以及之后 10%）处的长度，这种方法很少在商业领域获得重大应用。

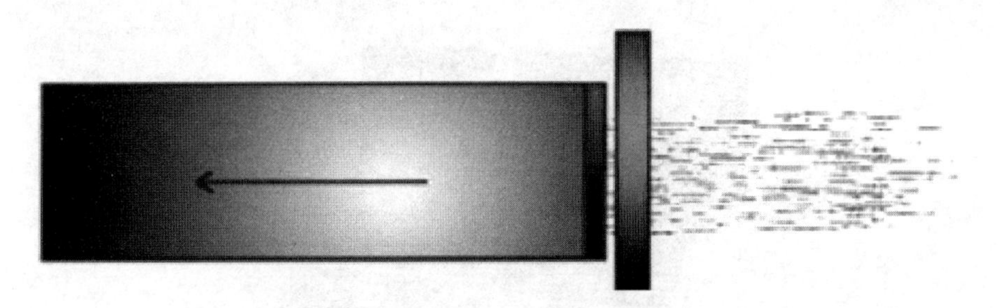

图 7-4　维拉长度仪法

3. 阿尔米特法

标准 IWTO-17 中采用的测试方法是阿尔米特法，这是一种使用最广泛的测试梳毛毛条和精梳毛条中纤维长度分布的方法。阿尔米特检测设备由两部分组成。

（1）阿尔米特排样机。制作测试所需的试样，制作时纤维边缘一端排列整齐，形成与纤维长度方向垂直的一条直线，剩余部分纤维按照一个方向铺设，形成须丛，如图 7-5 所示。

（2）阿尔米特测试主机。将由载样架托持的测试样夹持在聚酯薄膜间，载样架匀速运动，通过测量电容器，连续地测量纤维的质量。从排列好的纤维末端到不同距离处，纤维质量的变化被用来计算长度分布参数，如图 7-6 所示。

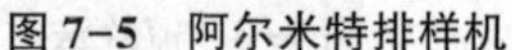

图 7-5　阿尔米特排样机

图 7-6　阿尔米特测试主机

国际羊毛实验室（INTERWOOLLABS）可以为使用测量纤维直径属性的仪器的用户提供认证，也可以使用同一系列的标准毛条为使用阿尔米特仪器的用户提供认证试验。

4. OFDA4000

标准 IWTO-62 中采用的测试方法是 OFDA4000，如图 7-7 所示，这是一种比较新型的测试梳毛毛条和精梳毛条中纤维长度分布的仪器。该仪器使用夹持器从毛条中拽取末端对齐的纤维，利用移动针床使纤维排列整齐并固定。当测试试样被拉着通过测试点时，投射视频显微镜每隔 5mm 计数试样中剩余的纤维根数，可以连续测试 60mm，也可以间隔 10mm 进行测试。然后对图像进行分析，计算测试样品中沿着纤维长度方向的纤维根数，确定图像中任一点纤维的直径特性。

图 7-7　OFDA4000

该仪器可以用来测试毛条的以下常规属性：豪特长度、巴布长度、豪特长度变异系数 CVH、巴布长度变异系数 CVB、*L* 值和 *K* 值。除此之外，还可以测试其他的属性，如光学平均长度（由支数计算的纤维平均长度）、纤维平均直径、直径分布、沿纤维直径的剖面（类似 OFDA2000）、舒适指数、纤维卷曲、纤维清洁度等。

第四节　纤维直径分布的测试

所有用来测试原毛中纤维直径的技术方法都可以用来测试毛条中纤维的直径。可选用的方法包括：气流法（标准IWTO-6）、投射显微镜法（标准IWTO-8，如图7-8所示）、激光扫描法（标准IWTO-12，如图7-9所示）、OFDA100（标准IWTO-47，如图7-10所示）、OFDA4000（标准IWTO-62）。

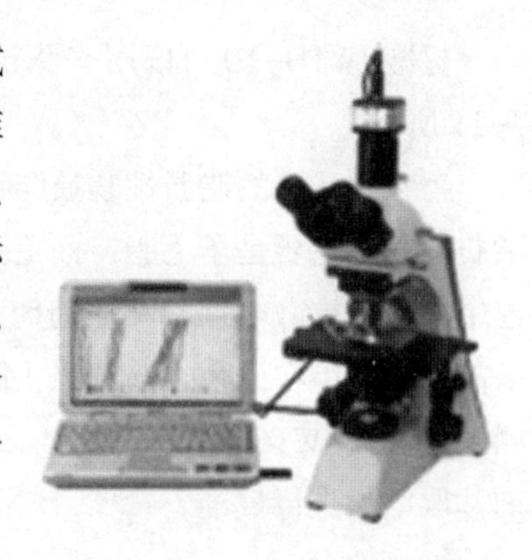

图7-8　投射显微镜

IWTO检测标准中的IWTO-6标准利用气流法测试毛条中纤维的直径特征，此方法与原毛直径的测试方法（IWTO-28）略有不同。主要的不同如下：

（1）只适用于无髓质纤维；

（2）毛条中二氯甲烷可萃取物的含量必须少于1%，测试前必须清洗毛条以去除纺纱过程中所加入的油剂；

（3）测试样本中的纤维必须是随机选取的，切割成20mm的长度，使用Shirley分析仪或者手工梳理使测试样本中的纤维随机排列。在IWTO-28标准中，测试之前需要对原毛进行洗毛，并使用Shirley分析仪对子样进行随机处理。

使用声波细度仪时也有类似的限制。该细度仪也可以用来测试毛条中纤维的平均直径。

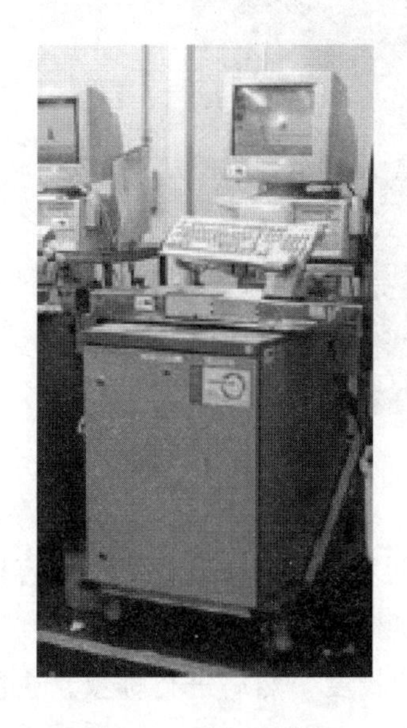

图7-9　激光扫描法

图7-10　OFDA100

第五节　残留脂肪性物质的测试

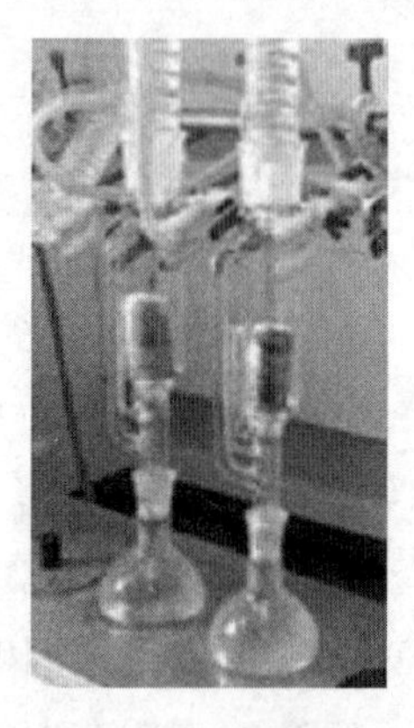

图 7-11　残留脂肪性物质的测试

标准 IWTO-10 可以用来测试毛条中残留的脂肪性物质，如图 7-11 所示。

毛条中残留的脂肪性物质与洗净毛中的是不同的，洗净毛中的脂肪性物质主要是羊毛脂，而毛条中的残留物质还包括毛条加工过程中添加的抗静电剂和其他助剂。这些助剂大部分是水溶性的，如果需要，可以在染色之前洗涤去除，或者通过复洗去除。IWTO-10 测试方法按 IWTO 的规定执行。此外，还可以使用近红外装置对溶剂萃取结果进行校准。

第六节　毛条条干均匀度的测试

梳毛毛条和精梳毛条的条干均匀度对纱线条干均匀度的影响是非常重要的。现在有多种方法可以检测梳毛毛条和精梳毛条的条干均匀度。最常使用的仪器是乌斯特条干均匀度仪，如图 7-12 所示。

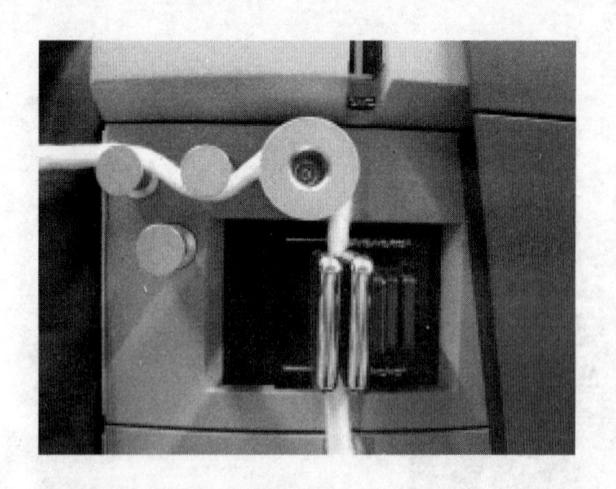

图 7-12　乌斯特条干均匀度仪

标准 IWTO-18 采用乌斯特条干均匀度仪，测试过程中将毛条通过一个电容检测器（电容板），电容信号的强弱间接反应毛条的条干均匀度，测试结果如图 7-13 所示。

此外，还有一种检测方法是将毛条切断成精确的长度，然后进行称重，这种方法耗时又烦琐，目前已很少使用。

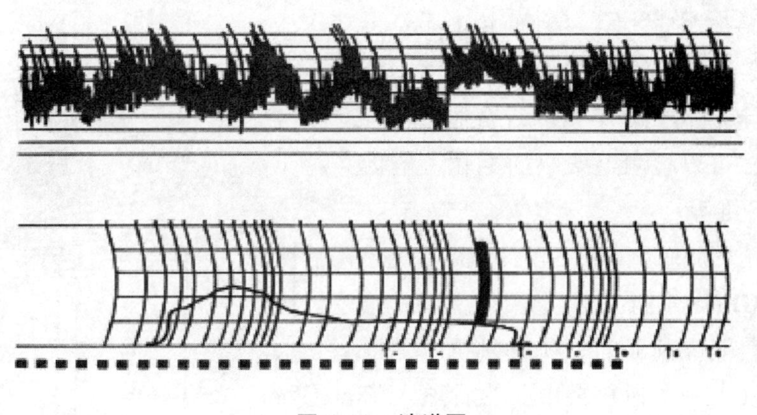

图 7-13 波谱图

第七节 毛条中污染物的测试

定量评估毛条中的污染物是很困难的，因为毛条中所含的污染物的种类很多，如植物性杂质、有色纤维、毛粒等。常用的测试方法如下。

一、目光检测

标准 IWTO DTM-13 中使用的检测方法是目光检测，这种方法非常简单，如图 7-14 所示。具体检测步骤如下：将需要检测的毛条进行牵伸，然后铺展在一个适当的照明区域内，操作人员对不同类型的污染物进行观察、分类、统计。有色纤维通常根据颜色的深浅度或者来源分类。

图 7-14 目光检测

二、Optalyser 自动检测仪

标准 IWTO-55 中描述了一种使用 Optalyser 检测仪自动检测毛条中污染物的方法，如图 7-15 所示。该仪器先对毛条进行牵伸，然后进行电子检测，可以检测毛条中的毛粒、植物性杂质、有色纤维等。

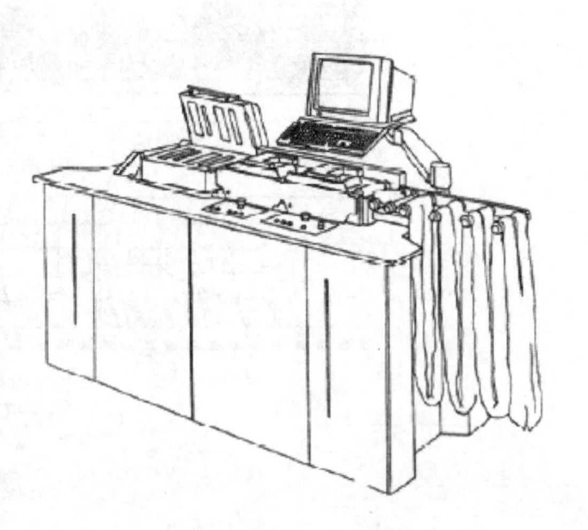

图 7-15　Optalyser 检测仪

三、FiberGEN

FiberGEN 是澳大利亚的一项新兴技术，将毛条检测样品放入一个塑料袋中，然后加入苯甲醇，苯甲醇与羊毛有相同的光密度，可使羊毛纤维发生光学降解，从而使污染物更容易被发现，可以通过光学扫描仪器输出的图像进行图像分析对污染物进行分类、统计。但是这种方法目前还在讨论阶段，未被正式使用。

第八节　毛条中纤维强度的测试

纤维的拉伸强度是决定纺纱效率和纱线强度的重要因素。梳毛毛条和精梳毛条中纤维的强度通常是以“束纤维强度”表示的，测试方法如图 7-16 所示。具体步骤如下：

先把一束纤维梳理成平行纤维，将纤维束两端用夹子夹持住，施加拉伸载荷，拉力不断增加至纤维束断裂，拉伸过程中两个夹子分别向相反的方向运动直至将纤维束拉断。纤维的拉伸强度由纤维束的最大载荷（断裂应力）以及纤维束中的纤维量决定。束纤维强度用单位质量纤维束的断裂负荷（N/ktex）表示。

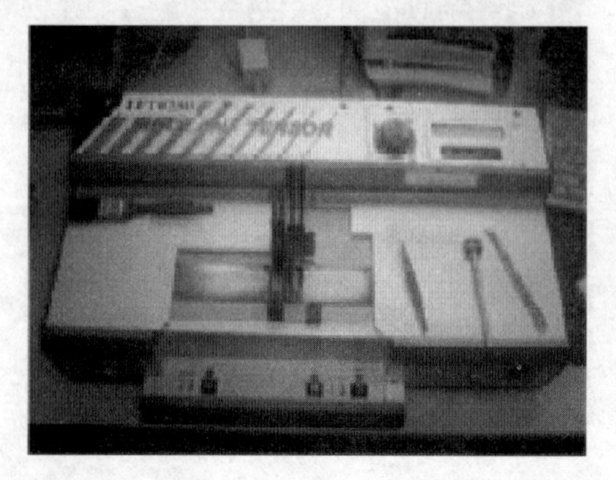

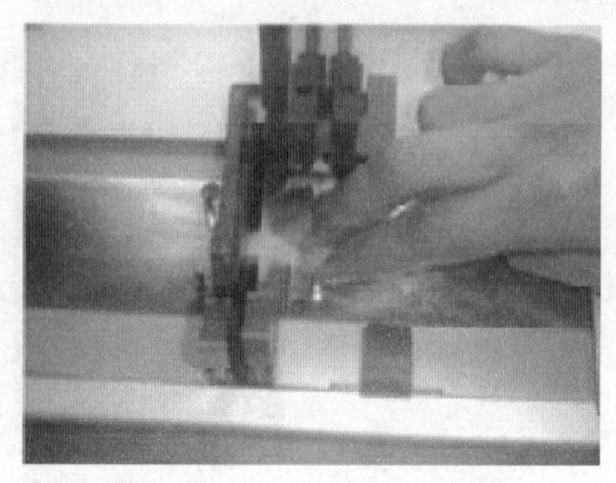

图 7-16　束纤维强度测试

纤维强度还可以用其他仪器进行测试，如 Sirolan 纤维强力仪、标准 ASTM D1294-05（2013）中所使用的测试仪器。

原毛中的毛丛强度和毛条中的束纤维强度测试在概念上是相似的，采用的单位都是 N/ktex。为了研究原毛的毛丛强度对毛条束纤维强度及最终纱线强度的影响，CSIRO 做了相关试验，结果见表 7-2。

表 7-2　原毛的毛丛强度对毛条束纤维强度及最终纱线强度的影响

原毛	毛丛强度/（$N \cdot ktex^{-1}$）	43	32	24
精梳毛条	束纤维强度/（$N \cdot ktex^{-1}$）	10.4	10.8	10
	豪特长度/mm	71.1	64.6	61.9
	精梳落毛率/%	10.2	12.4	12.9
复精梳毛条	束纤维强度/（$N \cdot ktex^{-1}$）	10.3	10.3	9.9
	豪特长度/mm	70.5	65.3	62.7
纱线（82 公支）	强度/（$N \cdot ktex^{-1}$）	77	73.5	70.5
纱线（40 公支）	强度/（$N \cdot ktex^{-1}$）	88.9	85.3	81.6

从表 7-2 可以看出，原毛的毛丛强度对毛条的束纤维强度影响很小，但是原毛的强度越大，毛条在精梳时的豪特长度越长、精梳落毛率越小，原因可能是因为在加工过程中纤维断裂较少。豪特长度越长，最终纱线的强度越高，原因可能是所有导致强度较低的纤维都断裂了，只剩下长度较长、强度较高的纤维。

第九节　毛条测试的 ISO 标准

梳毛毛条和精梳毛条的测试标准除了前面所介绍的 IWTO 标准之外，还有 ISO 标准。如 ISO 137：2015 羊毛纤维直径测定—投射显微镜法、ISO 190：1976 羊毛纤维长度测定（巴布长度和豪特长度）梳片法、ISO 1136：2015 羊毛平均纤维直径测定—透气性法、ISO 2646：1974 羊毛精梳加工中纤维长度的测定、ISO 2648：1974 羊毛纤维长度分布参数的测定—电子法、ISO 3074：2014 羊毛精梳毛条中二氯甲烷可溶性物质的测定。这些标准所用的测试方法与 IWTO 的相似，但是不受 IWTO 标准的约束。

第十节　毛条的质量控制

一、取样及检测

为了确保毛条的质量满足顾客的需求以及后道加工的要求，在毛条生产过程中，需要定期进行取样及检测，见表 7-3。这些数据必须进行记录以确保能够完成质量分析，而且相关信息必须及时报告给所有需要的缔约方。与相关人员分享、讨论这些测试结果是管理层的责任。

表 7-3　定期取样及检测实例

加工工序	检测项目	检测频率	责任归属
洗毛	车间湿度	每 4h	洗毛负责人
	回潮率	每 4h	实验室
混毛	车间湿度	每 8h	梳毛负责人
	总的脂肪性物质	每 8h	实验室
梳毛	车间湿度	每 4h	梳毛负责人
	草杂	每 4h	梳毛负责人
	毛粒	每 4h	梳毛负责人
	毛条重量	每 4h	梳毛挡车工
预针梳	毛条重量	每 4h	预针梳挡车工
	车间湿度	每 4h	预针梳挡车工
精梳	落毛率	每一班次	精梳挡车工
	草杂	每一班次	实验室
	毛粒	每一班次	实验室
末道针梳	纤维细度	每 2500kg	实验室
	豪特长度	每 2500kg	实验室
	草杂	每 2500kg	实验室
	毛粒	每 2500kg	实验室
	纤维颜色	每 2500kg	实验室
	毛条重量	每 2500kg	末道针梳挡车工

二、工厂测试需要的实验室设备

一般，一个一流的毛条厂需要配置一个设备齐全、温湿度控制良好的检测实验室。

1. 实验室主要的作用

（1）为工厂提供优良的检测设备，以确保原材料规格符合质量要求；

（2）为所有顾客提供质量保证

2. 实验室所需要进行的检测项目及检测设备

（1）毛条重量（g/m），测试时需要设备将毛条切断为标准的定长，然后用天平进行称重。

（2）毛条重量均匀性，由电子设备对运动的条子进行检测。

（3）纤维的平均直径以及分布（CVD），可以用：激光扫描仪、OFDA、投射显微镜、气流仪四种设备检测。气流仪只用来测试纤维的平均直径。

（4）纤维平均长度和长度分布（CVH），一般用阿尔米特仪进行测试，也可以采用新仪器 OFDA4000。

（5）溶剂可萃取物质，可以使用索氏萃取法、维拉快速检测仪等方法进行检测。

（6）含水率，需要用烘箱和天平进行检测。

（7）疵点，先使用牵伸开松设备将毛条开松，然后手工计数疵点的数量。

三、质量保证程序手册

一个质量保证程序应该包含所有标准操作程序的详细说明，以及所有关于质量控制抽样和测试的程序。所有的工作人员必须充分认识到自己的职责和责任，并且在一定程度上认识到本部门其他人员的作用。

此外，报告的职能和职责也需要得到所有员工的充分理解。所有职员获取必要信息所需要的书面文件包括以下几种：标准操作程序手册（SOP）、工作说明书、语言交流等。员工也必须遵守工作场所的健康和安全的相关说明。SOP 标准化作业流程手册包括活动、事前责任、文件管理等，见表 7-4。

表 7-4 SOP 标准化作业流程手册实例

阶段	活动	事前责任	事后责任	文件管理
原材料	从羊毛精梳部门获得毛条质量报告，并和相关的原毛测试联系起来	QAD 技术员	QAD 负责人	原毛记录
—	羊毛精梳报告送给产品负责人确认	QAD 负责人/产品负责人	QAD 负责人	羊毛精梳报告

四、关于连续生产过程改进手段的矩阵

目前，统计和质量控制方面的书籍很多，并且提供了一系列分析工具来支持数据分析。表 7-5 所示的矩阵是可以帮助经理人从广泛而多样的工具中选择和应用适当的分析工具。

表 7-5 关于连续生产过程改进手段的矩阵

项目	计划	分析	解释	团队	个人
集体研讨法	√	√		√	
亲和图	√	√		√	
矩阵图	√			√	√
力场图		√		√	
因果关系图		√		√	
对账单		√	√		√
树形图	√			√	
排列图			√		√
标准评级	√		√	√	

续表

项目	计划	分析	解释	团队	个人
顺序流程图	√	√		√	√
流程图	√	√		√	√
散点图			√		√
趋势图		√	√		√
控制图		√	√		√
直方图		√	√	√	√

经常出现的问题是收集得到的数据没有进行充分或适当的分析，从而导致资源的浪费，更重要的是使企业失去提高利润的机会。随着业务的不断增长和扩大，认真维护手册是非常重要的。如果企业要满足当前和未来的质量需求，那么很可能一些在一年或更多年前使用得很好的工作实践并不是最有效或最有生产力的加工流程。企业必须不断改进才能够保持其竞争力。

重要知识点总结

1. 毛条的主要质量属性包括：平均纤维直径、直径离散 CVD、纤维长度（豪特值、巴布值）、纤维长度离散（CVH、CVB）、短纤维含量、植物性杂质（每 100g 毛条中所含杂质的数量和大小）、溶剂可萃取物质、毛条重量（每米克重）、毛条米重变化（Uster CV 值）、含水量（%）、毛粒（每 100g 毛条中所含杂质的数量和大小）、颜色、纤维改性（如防缩处理）。

2. 毛条主要性能的测试与原毛的相似，但纤维长度分布特性的测试存在不同。

3. 可以用来测试梳毛条和精梳毛条中纤维长度分布的方法包括：阿尔米特法、梳片法、维拉（WIRA）纤维长度仪法、OFDA4000。

4. 测试毛条中所含污染物的方法包括：目光检测法（IWTO DTM-13）、Optalyser（IWTO-55）、FiberGen。

5. 虽然 IWTO 的标准和检测方法是使用最广泛的，但其他国家和国际机构也有对羊毛进行检测的法规和标准，如 ASTM、ISO、CEN。

6. 取样规则、仪器检测和数据分析在任何质量保证程序中都是很关键的。

练习

1. 谁会购买精梳毛条？

2. 精梳毛条需要进行哪些测试？

3. 哪些仪器可以用来检测纤维长度及其分布？

4. 哪些机构可以对测试实验室进行认证？

5. OFDA4000 可以用来测试哪些性能？

6. Optalyser 可以测试什么？

7. 质量保证（QA）与质量控制（QC）之间有什么不同？

第八章　毛条处理

学习目标：

1. 掌握使毛条加工性能提高、染色、增加功能性的处理方法。
2. 理解毛条处理对羊毛后续加工的影响。
3. 掌握为提高后续纺纱效率而采取的措施。

精纺纺纱使用的原料是精梳毛条，毛条可以不做任何处理（即本色），或者也可通过多种方式进行改性处理以获得不同的特殊效果。

应用于毛条的处理主要包括：

（1）染色/印花，对纤维进行上色处理；

（2）复洗，毛条染色后进行复洗，或者对没有进行改性的纤维进行的最后的清洗；

（3）毛条混色；

（4）防缩处理：可以通过多种方式赋予羊毛产品防缩效果；

（5）丝光处理，可改善纤维的光泽和手感；

（6）拉伸改性，对羊毛纤维进行拉伸和定型，减小羊毛纤维的平均直径。

第一节　纤维染色—毛条染色

一、毛条染色与毛条印花

1. 毛条染色

在精梳毛纺产品的生产过程中，最常采用的染色方式是毛条染色。毛条染色的优点如下：可以保证颜色的连续性，通过多批次染料的混合使可染的颜色种类丰富并且可以形成“段彩夹花”纱线。毛条染色也有一定的缺点，如毛条染色后的条子必须重新进行精梳和针梳以恢复其可纺性能（增加了加工的成本）；染色后的条子的纺纱效率比未染色的低，这是因为在染色中对纤维造成了一定的损伤。

2. 毛条印花

毛条也可以采用单色或多色印花，在细纱上形成多色或者混色效果。印花可以避免毛条的多次染色和多次混合。

毛条印花最常采用的印花方式是：Vigoreux 印花，对黑色毛条的部分区域进行印花以产生黑白混色效果，这样可以避免使用黑色毛条和白色毛条混合。

印花后的毛条需要进行汽蒸以促进染料向纤维内部渗透，在印花糨糊中需要使用促迁移的助剂以控制印花糨糊的黏度。

毛条染色、毛条印花分别如图 8-1、图 8-2 所示。

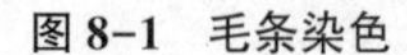

图 8-1　毛条染色

图 8-2　毛条印花

二、毛条染色与毛条印花的后加工

1. 毛条染色的后加工工序

毛条经染色后，需要再经过一系列加工工序使其性能恢复，保持良好状态进行纺纱。对于高支毛纱（大于 20 公支），染色后需要经过以下加工：

毛条染色→复洗或类似工序→预针梳→第一道针梳→第二道针梳→第三道针梳→复精梳→第一道后针梳→第二道后针梳

染色过程中，毛条中的纤维会相互挤压，从而使纤维间有轻微的粘连，因此染色后的毛条如果直接进行纺纱加工，则会导致成纱结构不良，形成一些质量疵点，如大肚纱、纱结等。所以染色后的毛条一般都需要经过复针梳和复精梳工序以使纤维分离和重新排列后再进行纺纱。当所纺纱线较粗时（低于 15 公支）可以不需要经过复精梳工序。

2. 毛条印花后的加工工序

毛条印花后也需要经过一系列加工工序使其性能恢复，保持良好状态进行纺纱，具体步骤如下：

毛条印花→汽蒸→复洗或类似工序→预针梳→第一道针梳→第二道针梳→第三道针梳→复精梳→第一道后针梳→第二道后针梳

其中第三道针梳需要与否取决于所选用羊毛的细度以及预针梳工序的梳箱容量。

三、毛条染色的潜在影响

毛条染色过程中会对纤维造成一定的损伤，从而影响纱线（尤其是高品质纱线）的生产。

染色过程造成的损伤，有些是比较明显的，如纤维强度损失、纤维断裂增多、复精梳时落毛率增加、针梳和粗纺过程中纤维长度降低、纺纱效率降低等。毛条染色产生的损伤对后续的生产工序也会造成影响，如纺纱加工是否顺利、络筒与机织和针织生产的效率、纱线的整体质量、最终产品的性能。

纤维的损伤可以用以下参数进行量化评估：纱线强力和伸长率的降低、机织和针织生产效率的降低、织物耐磨性的降低、织物拉伸和撕裂强度的降低、纤维色泽。

所有的染料都会造成纱线强力的下降，不同种类的染料染色后造成的纱线强力和延伸性下降的程度见表 8-1。从表中可看出，纱线越细，强力损失越明显，56 公支/2 纱线的强力损失的百分率比 48 公支/2 纱线的要大；而且染色也会降低纱线的延伸度。

表 8-1　染色对纱线强力和延伸性的影响

染料	强力/cN		延伸度/%	
	48 公支/2	56 公支/2	48 公支/2	56 公支/2
未染色	290	306	14.8	26.4
酸性染料	266	263	15.1	22.4
缩绒染料	250	242	12.5	16.9
1 : 2 金属络合染料	248	232	11.3	12.9
媒染染料	260	261	12.4	19.3

目前，可以采取多种技术手段来减少染色过程对羊毛纤维的损伤。常见的有以下几种。

（1）低温染色。羊毛在低温下进行染色或者使用合适的助剂减少在沸水中染色的时间，可以减少对纤维的损伤，而且对染料的色牢度以及最终颜色没有影响。

（2）使用羊毛保护剂。在染色过程中可以使用不同类型的羊毛保护剂来保护羊毛纤维，如可溶性蛋白质，在染色的环境中比羊毛蛋白质的水解速度更快，从而使羊毛蛋白质的降解速度减慢；交联剂（如甲醛），可以与不稳定的蛋白质通过化学作用产生交联，从而防止其溶解。

（3）抗定型染色技术。这项技术是为了阻止羊毛在染色过程中的永久定型。经过工业化生产环境下的试验，这项技术的优点也逐渐显现出来，主要优点如下：改善纺纱过程中的加工性能；纱线的伸长增加；针织和机织的效率提高；机织物的拉伸强度提高；针织产品的手感改善。

四、复洗

毛条染色后，一般需要进行连续的洗涤，称为复洗工序，如图 8-3 所示。复洗工序主要有两个目的。

（1）清洁纤维，去除残留的污染物，提高纺纱效率。见表 8-2，经过复洗之后粗纱工序和细纱工序的断头数和各类疵点明显减少。

（2）去除纤维上浮游的或者未固定的染料，如果不进行清洗，固着较差的染料在纺纱过程中会被摩擦、搓揉下来，对最终的纱线和织物造成困扰或者引起质量问题。

图 8-3　复洗

表 8-2 复洗对后道加工的影响

加工工序	疵点	未复洗	复洗
粗纱	毛条头/个	10	0
	飞毛/%	0.3	0.1
纺纱	千锭时断头数/个	238	64
	十万米纱疵/个	168	129

复洗是一项常用的加工技术，除了以上两个目的之外，还可以提高生产效率，进而降低生产消耗。经过复洗工序生产的最终产品的品质较高且价格相对昂贵。生产本色或未处理的毛条的羊毛加工厂现在基本已经不进行羊毛的复洗。

复洗工序带来的优点非常多，尤其是对特细羊毛而言，因而专门的细羊毛加工厂更加重视复洗工序的效果。

五、复洗后的烘干

毛条经染色和复洗后需要进行烘干，烘干前先进行机械脱水。机械脱水系统包括离心力脱水和挤压辊脱水。在脱水过程中尽量减少染色纤维中残留的水分是很重要的，这可以减少热烘干所需的时间和温度，从而减少烘干过程对纤维的损伤，脱水后的残留含水量一般为40%~45%。复洗工序中一般采用挤压辊脱水，如图 8-4 所示。

脱水之后再进行热烘干，如图 8-5 所示，热烘干时采用的温度不高于 100℃，且烘干后应使羊毛纤维的含水量达到 17%，若温度太高会导致纤维损伤并降低生产效率。

图 8-4 挤压辊脱水

图 8-5 热烘干

连续式的热空气烘干机常用于复洗机的最后一部分，但射频烘干的应用越来越多，其中传送带类型的射频烘干机是最常用的。某些射频烘干机会使毛条的中心或散纤维的中层产生较高的温度，因此在烘干浅色或亮色产品时需要进行严格的控制，以减少毛条中心的泛黄。

六、混色

纤维的混合或者不同颜色毛条的混合是在精梳和针梳工序完成的，混色毛球如图 8-6 所示。染色后，一般以毛条或毛球的形式喂入针梳机和精梳机中。经 Vigoreux 印花后的毛条也可以进行混色。

图 8-6 混色毛球

1. 影响混合程度的因素

混合的均匀程度取决于以下因素：原料中颜色的种类和数量、纤维直径、设备参数设置（如梳针运动、牵伸倍数）、并合根数、喂入设备的条子的重量。

为保证生产的毛条达到令人满意的混合程度，首先需要了解设计者所要求的颜色等级，其次技术依据也是必不可少的，此外还需要了解以下要求：组成混合条的不同条子的定量（g/m）、喂入条子的根数（喂入数越多，混合效果越好）、牵伸和梳针等相关参数。

2. 混色实例

下面以实际生产中的案例来说明在毛条混色时要注意的问题。混色时使用交叉式针梳机。

订单要求毛条量为 1 批次 1000kg，条子的定量为 20g/m，喂入根数为 10 根。混色要求是黄色 15%，棕色 60%，黑色 25%。对应 1000kg 毛条则要求黄色毛条 150kg，棕色毛条 600kg，黑色毛条 250kg。使用定量为 20g/m 的条子，则黄色毛条需要 7500m，棕色毛条需要 30000m，黑色毛条需要 12500m，一个批次总共需要 50000m 毛条，因为喂入根数为 10 根，即有 10 个喂入毛条筒，因此每个毛条筒中的条子长度为 5000m。对应于每个颜色而言，黄色毛条共 7500m，需要 1.5 个条筒喂入，棕色毛条 30000m，需要 6 个条筒喂入，黑色毛条 12500m，需要 2.5 个条筒喂入。

但是在实际生产过程中，需要把黄色毛条和黑色毛条进行预牵伸使其达到合适的定量，从而满足整数条筒喂入。在这个实例中，黑色毛条的重量需要调整增加 20%，变成 2 个条筒喂入，黄色毛条重量减轻 25%，变成 2 个条筒喂入。预牵伸工序会产生额外的生产成本，所以有些设备生产商为毛条厂提供了特殊的喂入纱架，可以进行牵伸调整，使喂入毛条的重量更加准确。

第二节 毛条防缩处理

目前最常用的防缩处理方法是毛条防缩处理。防缩处理的步骤一般为：

（1）运用氯或其他氧化剂处理纤维；

（2）去除溶解的蛋白质；

（3）用树脂包覆鳞片层；

（4）对聚合物树脂进行烘干和烘焙处理。

在防缩处理过程中，聚合物会通过键结合将相邻的纤维黏结在一起，如图 8-7 所示，这会影响后续的牵伸和纺纱，因此防缩处理后的毛条需要经过复精梳和复针梳将这种连接打断，使纤维重新分离、重新排列整齐。

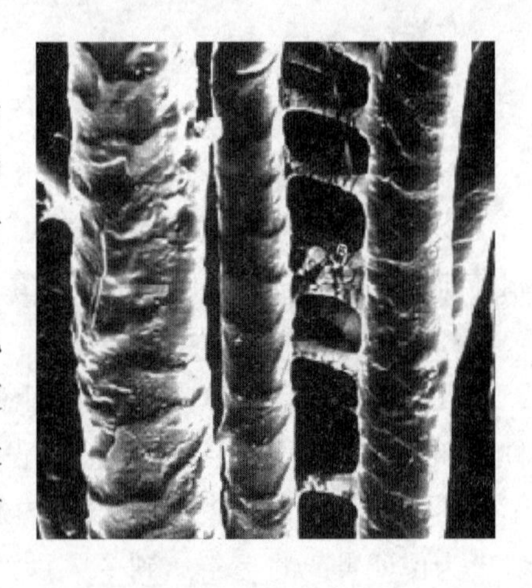

图 8-7　防缩处理后纤维之间的黏结

防缩处理的方法不同，对羊毛的摩擦性能的影响也不同。仅使用氯处理或者部分氯+赫科塞特树脂处理会使纤维与纤维间的摩擦增加，这可以通过在防缩处理的最后阶段加入润滑剂或柔顺剂来进行改善；而氯+有机硅树脂处理会使纤维与纤维间的摩擦降低。

在实际生产中，纤维间摩擦的增加会使纤维间的抱合力增加，从而有助于实际的纺纱操作，但是纤维与金属机件间的摩擦增加会对预针梳和牵伸工序产生不利的影响。因此，在针梳前一般会加入润滑剂以减少摩擦，润滑剂的品种及用量需要根据针梳、混条、牵伸以及纺纱过程中对摩擦性能的不同要求进行合理的选择。实际上，纤维摩擦性能的降低也可以减轻毛条的内聚力，使处理过程更加顺利，而且减少纤维与金属机件间的摩擦，有助于针织和机织的生产，但是应严格控制润滑剂的使用量。

对于防缩处理后具有较高摩擦性能的纤维，可以选择合适的润滑剂来降低其摩擦性能，可选用的润滑剂种类很多，如柔顺剂。

使用氯+有机硅树脂对毛条进行防缩处理后，如果没有使用合适的纺纱助剂，则纺纱过程中会出现过多的断头。目前有多种润滑剂可以用来提高纤维之间的抱合力，这些润滑剂的成分中大多含有胶状的氧化硅。在使用时要注意控制用量，因为这些润滑剂会使处理后的羊毛手感变差，而且，会导致与纤维或纱线接触的机器部件被过早地磨损。由于以上的种种原因，应尽量避免使用仅含有胶状氧化硅成分的纺纱助剂。

第三节　毛条丝光处理

丝光处理可以改善毛条的光泽和手感。丝光处理的步骤如下：

（1）用高浓度（约 4.5%）的氯处理毛条，使羊毛纤维表面的鳞片结构降解，表面更加光滑，提高纤维表面对光的反射，从而改善光泽；

（2）去除溶解的蛋白质；

（3）使用氧化硅高分子聚合物薄膜覆盖于羊毛纤维表面，这层薄膜是永久性的，有机硅高分子化合物的使用可以明显提高羊毛以及后续产品的手感。

丝光处理后羊毛纤维的实际直径（μm）并没有发生明显的变化，但手感显著提高（丝光处理后的手感与比原本纤维细 2~3μm 的羊毛产品的手感类似）。丝光处理前后羊毛表面对光的反射作用如图 8-8 所示。

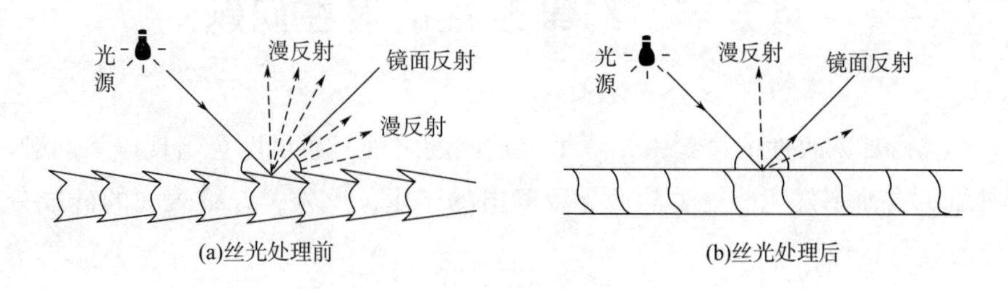

图 8-8　丝光处理前后羊毛表面对光的反射作用

与防缩处理相同，丝光处理后的毛条也需要进行复针梳和复精梳，使得纤维重新分离、重新排列，以便于进一步的加工和纺纱。

第四节　拉伸羊毛

羊毛纤维在毛条阶段可以进行拉伸，拉伸设备如图 8-9 所示。拉伸过程可以减小纤维的直径（细 2~3μm）、改变纤维的横截面形状，从而改善纤维的手感和光泽。

图 8-9　拉伸设备

拉伸有两种形式。

（1）暂时性拉伸。这样处理的纱线在热水中会发生收缩，形成高蓬松度的纱线（膨体纱）；

（2）永久性拉伸。这样纤维在最终制成织物之后也不会发生收缩。

此外，拉伸处理过的毛条也需要进行复针梳和复精梳，使得纤维重新分离、重新排列，以确保改善其纺纱性能。拉伸处理后，毛条内纤维之间的抱合力降低，因此精梳过程中所使用的润滑剂以及工艺设置都必须考虑对这一特性进行调整。

第五节　纤维改性的潜在问题

在对羊毛进行加工改性的过程中，除了上述问题之外，还可能会出现以下问题。

（1）纤维的含水率发生改变，从而导致静电的产生，此外，纤维表面的硅成分会使得羊毛内部水分很难再增加。

（2）对毛条进行的各种处理一般都会使纤维强力降低。

（3）纤维摩擦性能发生改变。

（4）纤维内应力改变。减小内应力会增加灰尘和飞毛以及毛条处理的难度，增加内应力则会导致额外的纤维损伤。

（5）纺纱性能改变，需要再加入纺纱助剂，而且后续加工也需要特殊的精梳助剂。

（6）手感改变。这种改变有时是顾客所需要的，有时是顾客不想要的。

第六节　毛条处理过程中污染物的危害

为避免出现污染的风险，在对羊毛进行加工改性的过程中，工厂车间的维护管理是非常重要的。例如，即使不小心或其他原因将少量未处理的羊毛混入了处理过的羊毛中，防缩处理的效果也会大打折扣。即使只混入了0.1%的未经防缩处理的羊毛，也会导致在洗涤过程产生明显的斑点毡缩。

未处理的羊毛和处理的羊毛混合，主要发生在以下阶段：

（1）毛条从毛包中取出后；

（2）在针梳混合、复精梳、牵伸过程中；

（3）在毛条染色后的复洗过程中；

（4）在毛条染色后的针梳混合过程中；

（5）在牵伸、粗纱和细纱工序中产生飞花；

（6）在合股加捻过程中（如未处理的单纱与处理过的单纱合股）；

（7）在针织过程中（如将筒子纱混合使用生产服装）。

在整个生产过程中，处理过的羊毛必须与未处理的羊毛完全分开。

在对处理过的羊毛进行加工生产之前，确保所有设备都经过彻底清洁是至关重要的。如果条件允许，可以采用专门的设备来加工经过处理的羊毛。

车间应该采取措施保证经过处理的羊毛可以被清楚地识别，以下方法可以起到一定作用：

（1）使用不同颜色的条筒盛装经过处理的羊毛；

（2）如果是还没有染色的材料，可以采用少量的易褪色的着色剂进行标记，这些着色剂很容易洗掉，而且不会影响最终的颜色；

(3) 经过处理的羊毛采用不同颜色的聚乙烯包装袋打包，以便与未处理的羊毛区分开；

(4) 打印一些警示标签，用来区分不同情况的羊毛；

(5) 对员工进行培训，避免毛条污染。

重要知识点总结

1. 可以应用于毛条的处理主要包括：染色/印花、复洗、混色、防缩处理、丝光处理、拉伸改性等。这些处理方法有利有弊，会使羊毛的某些性能发生变化，如纤维强力改变、含水率改变、纤维摩擦性能改变、纤维内应力改变、纺纱性能降低、手感改变。

2. 对毛条进行处理之后，需要的后加工工序通常包括：增加复针梳和复精梳、采用特殊加工处理方法（如低温染色）、添加保护剂或润滑剂。

3. 防缩处理的效果最好，可以增加或降低纤维与纤维之间的摩擦、影响牵伸和纺纱时毛条的内应力、改变含水率，从而影响静电的产生。对防缩处理的羊毛可能需要添加润滑剂等纺纱助剂。

4. 必须采取有效的管理措施避免未处理的纤维污染处理后的毛条，因为即使是很少量的污染也会影响后续的加工和最终产品的性能。

练习

1. 可应用于毛条上的处理主要有哪些？

2. 染色对毛条有何影响？

3. 复洗对毛条有何影响？

4. 防缩处理对毛条有何影响？

5. 如何避免毛条的交叉污染？

第二篇　纺纱

第九章　概述

学习目标：

1. 掌握毛精纺和粗纺系统的相同点和不同点。
2. 理解用于精纺和粗纺系统中不同种类的羊毛。
3. 了解羔羊毛和粗羊毛的特点。

毛精纺系统和粗纺系统的生产过程如图9-1所示。精纺和粗纺的生产流程不同，最终生产的精纺纱和粗纺纱也是不同的。精纺系统的生产流程很长，其中包括很多次针梳和2次精梳，针梳次数的多少取决于羊毛的质量和所纺纱线的支数等；粗纺系统的生产流程较短，主要是因为不需要毛条制造工序（其中包含多次针梳和精梳），粗纺系统生产纱线比较灵活，可以使用粗羊毛生产加工地毯所用的较粗的纱线，也可以使用细羊毛生产服装所用的相对较细的纱线。

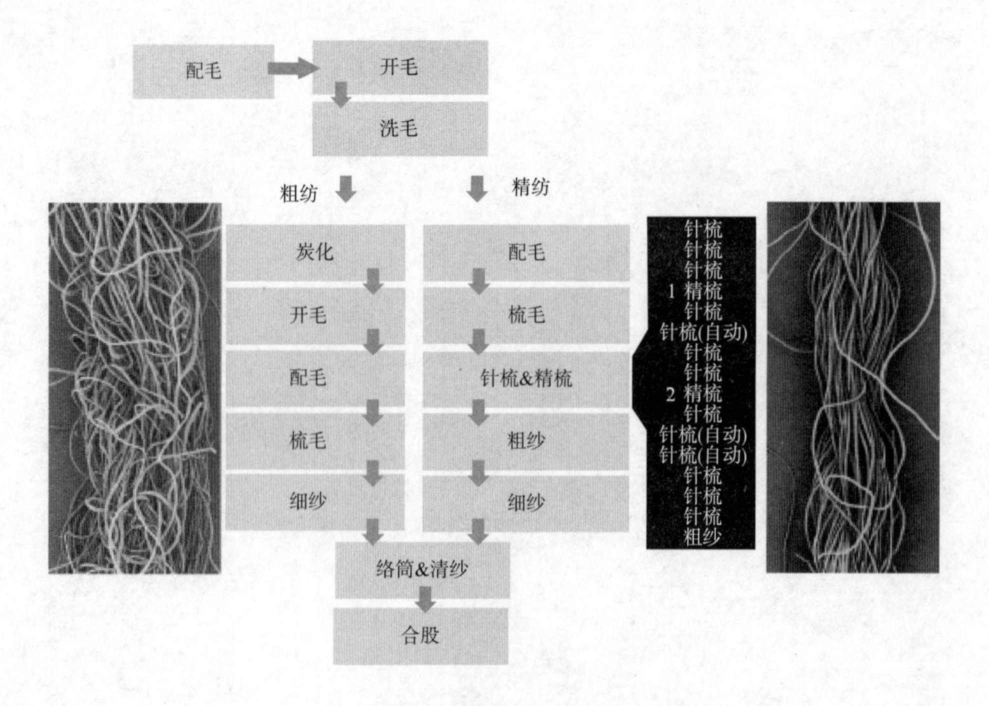

图9-1　毛精纺系统和粗纺系统的生产过程

第一节　粗纺和精纺用的羊毛

较长且均匀性较好的套毛一般用于生产精纺毛纱，一般长于60mm的套毛用于精纺系统中，此类羊毛被称为精纺羊毛。从羊身上其他部位（如腹部、臀部等）获得的长度较短的羊毛用于粗纺系统中，此类羊毛被称为粗纺羊毛，粗纺羊毛的长度较短（一般短于50mm）、长度离散性较大、污染物和有色纤维含量比精纺羊毛高。

细羊毛和粗羊毛均可用于精纺系统和粗纺系统中，但是粗纺系统中使用的粗羊毛比精纺系统的更多。用于精纺和粗纺系统中的澳毛的直径分布如图9-2所示，图中每组柱形图的左边表示精纺羊毛、右边表示粗纺羊毛，从图中可看出精纺羊毛和粗纺羊毛的直径都呈双峰分布，但是粗纺羊毛中直径为23~30μm的中粗羊毛所占比例较大。

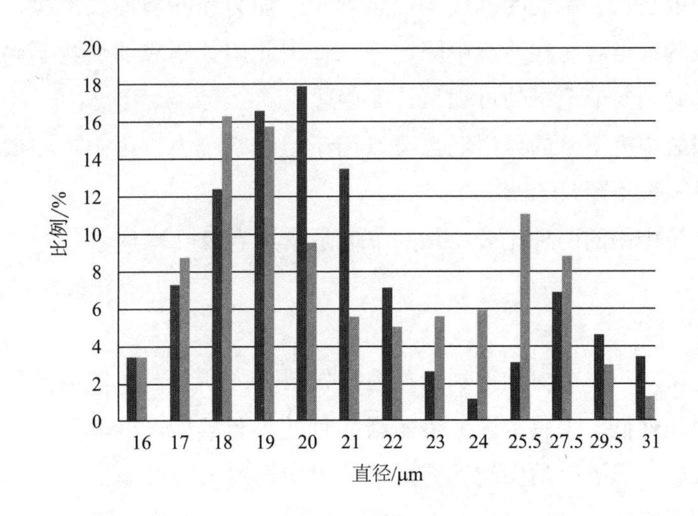

图9-2　精纺羊毛和粗纺羊毛的直径分布

此外，精纺系统的副产物（包括精梳落毛、梳毛落毛等）也可以用于粗纺系统中进行加工。粗纺系统的加工设备所加工的羊毛长度比较短，所以需要将长度较长的毛条切断或拉断，如可以将精纺毛条切断成较短的纤维以用于生产高品质的粗纺产品，因为精纺毛条经过精梳后其中的植物性杂质含量较少。

绵羊不同部位的羊毛是不同的，如图9-3所示，如背毛、腹毛等，其品质也是不同的。

小羊羔所生产的羊毛长度比成年羊的短，被单独分类称为羔羊毛。用于粗纺系统中的羊毛种类主要包括：长度短于50mm的套毛、边砍毛、碎毛、植物性杂质含量较多的腹部毛、短的羔羊毛，这些羊毛中一般都含有大量的污染物，如植物性杂质、未洗净的污垢。粗纺羊毛的选用需要根据产品的用途和羊毛的价格。

羊毛加工中所使用的羊毛细度越细，则制成的纱线截面内的纤维根数越多，纱线的条干

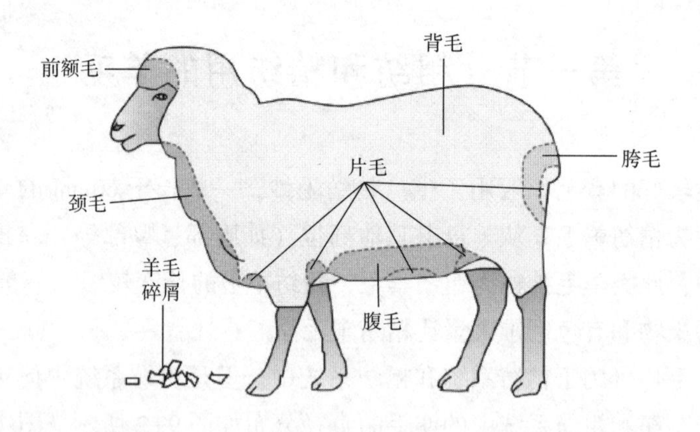

图 9-3　羊毛分布

越均匀、强力和断裂伸长率越高，加工过程也越容易。粗纺系统中用的短羊毛也应该具有足够的长度，纤维长度越长，制成的纱线条干越均匀、强力和断裂伸长率越高，且加工过程也越容易。长度较长的纤维容易在纱线中固定下来，因此用其制成的织物不易起球。但是纤维长度也不能过长，必须与梳毛机的可加工长度相适应。

从旧的羊毛服装中拆下来的再生毛也可以用于粗纺系统中，再生毛一般与新羊毛混纺使用，再生毛的用量一般不超过 50%。

精纺和粗纺系统中用的两种比较特殊的羊毛是羊羔毛和粗羊毛。

一、羊羔毛

羊羔毛是第一次对小羊羔剪毛得到的羊毛，如图 9-4 所示。羊羔毛的细度比一般常用的羊毛细，因此其耐压性低、手感柔软。美丽诺品种的小羊羔所产的羊羔毛，由于其尖端纤维细，因此手感更柔软。羊羔毛的尖端比剪过的羊毛更圆。大部分羊羔毛的长度比普通的羊毛短，羊羔毛一般用于粗纺系统中，生产毛绒感强且柔软的纱线及产品。

图 9-4　小羊羔

有的服装标签上标有"Lambswool"，这些服装是由100%的羊羔毛制成的。但是羊羔毛经常与普通羊毛或其他较细的纤维（如羊绒）混纺。在较早之前，The Woolmark Company 对"Lambswool"这一标签的产品规格有如下要求：①至少含有33%的羊羔毛，具体含量取决于羊毛供应商与纱线生产商之间达成的协议；②羊毛的平均直径<22μm；③舒适指数（即直径<30μm 的纤维的含量）>95%。现在 The Woolmark Company 已经没有这一标签了。

The Woolmark Company 对羊羔毛制定了检测方法（标准 TWC-TM29），这一方法使用显微镜观察纤维的两端，羊羔毛的尖端未经过剪毛但是尾端经过了剪毛，因此可以通过显微镜观察纤维尖端的形状特征即可从普通羊毛中分辨出羊羔毛，如图9-5所示。

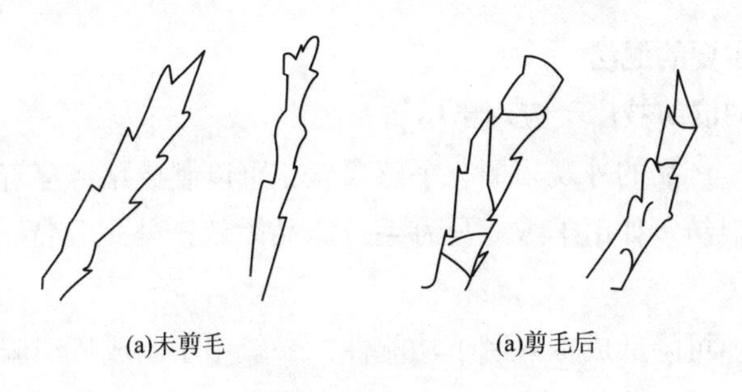

图9-5　羊毛尖端

二、粗羊毛

粗羊毛是指食肉羊所生产的羊毛，这些羊一般是英国品种的羊，如萨福克羊、白萨福克羊、杜泊羊，这类羊毛纤维的平均直径一般为25~30μm。用粗羊毛制成的纱线的典型特征是手感较粗糙、外观粗犷，粗纺纱线的纱支为（9~13公支）/2。用此纱线可以生产具有不同外观和手感的针织物，针织物的外观和手感取决于顾客的需求、所使用的纤维种类、成纱机理、针织物的结构以及整理过程。

图9-6　设德兰毛衫

一般，用粗羊毛生产厚重针织物所使用的针织机的机号高于加工粗纺羊羔毛纱线所使用的针织机的机号。粗羊毛生产的典型针织物是设德兰毛衫，如图9-6所示，设德兰毛衫一般较厚重、手感粗糙，而用羊羔毛制成的毛衫轻薄且柔软。

羊毛的选用很大程度上取决于纱线的支数和服装的种类。

第二节　粗纺系统的重要性

粗纺系统是对精纺系统的重要辅助，不能用于精纺加工的羊毛可以通过粗纺系统来实现其利用价值，如腹部毛、板结毛、重复修剪的羊毛、废毛等，这些羊毛中植物性杂质的含量比套毛中的高，因此需要炭化工序将过多的植物性杂质去除。精纺系统的副产物，如精梳落毛和梳毛落毛，也可以作为粗纺系统的原料，这些落毛也需要经过炭化。

精纺系统和粗纺系统都是羊毛生产的重要组成部分，两者之间不是竞争关系，而是所生产的产品不同。粗纺系统可以使废毛被再度加工利用，从而为精纺系统产生的废毛提供市场，如果没有粗纺系统，精纺生产者在成本和废物利用率方面都将存在问题。

第三节　主要的混纺

一、精纺系统中主要的混纺

羊毛与以下纤维的混纺被广泛应用于精纺系统中。

（1）与蚕丝混纺。产品的外观华丽、手感柔软，可以制成贴身穿着的针织服装。

（2）与特种纤维混纺。如山羊绒、马海毛，产品柔软、外观独特，可以制成高品质的套装或夹克。

（3）与涤纶混纺。可降低成本并赋予功能性，一般用于制成机织服装。

（4）与锦纶混纺。可以改善纱线和织物的耐磨性和强力。

（5）与腈纶混纺。可降低成本并改善柔软性，可以制成针织毛衫。

（6）三种纤维混纺。如羊毛/涤纶/氨纶、羊毛/锦纶/粘胶纤维，用于生产时尚的精纺服装。

羊毛与棉纤维的混纺一般在短纤维纺纱系统中进行。

二、粗纺系统中主要的混纺

粗纺系统中常用的混纺如下。

（1）与锦纶混纺。可以改善纱线和织物的耐磨性和强力，可制成粗纺的机织服装、针织服装、地毯等。

（2）与腈纶混纺。可降低成本并改善柔软性，可制成粗纺的针织毛衫。

（3）三种纤维混纺。如羊毛/锦纶/腈纶、羊毛/锦纶/粘胶纤维，常用于生产时尚的粗纺服装。

一般，羊毛与合成纤维混纺的产品品质比纯羊毛产品的品质差。

第四节　羊毛生产过程回顾

一、混毛

为了以较低的成本生产较高质量的纱线，并且满足纺纱厂的要求，需要将具有不同细度、长度、强力、颜色以及植物性杂质含量的羊毛混合制成质量均匀的生产批次。在羊毛生产过程中可以进行多次混毛，但是一般在洗毛之前和洗毛之后进行混毛。

羊毛生产过程中，很多台设备的输出可能同时喂入后续的设备中，这个过程也会产生混毛。混毛的目的是确保生产批次的成分和颜色一致，并满足给定的价格和纺纱厂的规格要求。

粗纺原料中包含的成分比精纺中的更多样，而且各成分在纤维长度、植物性杂质含量等方面存在更大的差异，因此粗纺生产过程中需要更多、更严格的混毛以确保均匀性。

二、洗毛

洗毛的目的是去除影响后续生产的杂质，包括羊毛脂、羊汗、灰尘等。

洗毛过程中，羊毛通过一系列含有水和洗涤剂的洗毛槽，具体过程如下：含脂羊毛首先被喂入第一个洗毛槽中，羊毛被洗毛槽中的洗涤剂润湿，以去除比较蓬松的灰尘和羊毛脂；羊毛中多余的污水被挤出，再进行多次漂洗、烘干，烘干后的羊毛由气流运送至后道工序。

三、毛条制造

毛条制造是毛精纺系统中的流程之一，包括梳毛、一系列的针梳、精梳工序。各道工序的作用如下。

（1）梳毛工序的目的：对洗净毛进行开松，使其成为单根纤维；部分对纤维进行排列，并制成梳毛条；去除羊毛中的植物性杂质。

（2）针梳工序的目的：继续对纤维进行排列和混合。

（3）精梳工序的目的：去除短纤维、剩余的植物性杂质、毛粒；完成对纤维的排列，使纤维伸直平行。

（4）精梳后针梳工序的目的：将精梳条进行混合，改善精梳过程中产生的不匀，使精梳毛条单位长度的重量保持均匀。

精纺系统中包括毛条制造工序，因此从洗毛到纺纱，精纺系统中包含多达 18 道工序，而粗纺系统中从洗毛到纺纱仅包含 3 道工序。

四、炭化

粗纺系统中，洗毛之后一般需要炭化工序以去除植物性杂质，有时也不需要炭化工序，这取决于羊毛中植物性杂质含量的多少。

炭化工序中用酸（一般用硫酸）去除植物性杂质，有时也可使用其他的酸。

当羊毛中的植物性杂质含量超过了羊毛重量的 5%时，需要对其进行炭化，如片毛、腹毛、其他与地面接触部位的羊毛。有些植物性杂质可以通过洗毛和梳毛工序去除，但是炭化工序对植物性杂质的去除更有效，精梳工序也可以有效地去除植物性杂质，但是粗纺系统中不包含精梳工序。某些比较清洁的粗纺用羊毛可以不需要炭化工序，只经过洗毛、混毛、梳毛即可。

五、纤维染色

粗纺生产过程中，一般在洗毛或洗毛和炭化工序之后对散羊毛进行染色；精纺生产过程中，一般对毛条进行染色，这两种染色方式都属于纤维染色。

1. 粗纺和精纺系统中采用纤维染色的原因

（1）使大批量的羊毛获得均匀的颜色，轻微的不匀可以在梳毛、针梳、精梳工序的混合过程中改善。

（2）可获得混色的效果。混色效果只能通过在混合阶段将不同颜色混合获得，这一特征对于开发时尚多彩的纺织品是非常重要的，而纱线染色和织物染色都不能获得混色效果。

（3）保证颜色均匀的同时，获得最好的色牢度。

（4）尽量减少染色的成本。

（5）可以对各种混合的原料单独进行染色，以避免不同类型染料的交叉沾色。

2. 纤维染色存在的缺点

（1）与未染色的纤维相比，染色纤维的强度降低，从而使纺纱效率降低。

（2）必须使用色牢度好的染料进行染色，以适应后道湿整理工序（如洗呢、缩呢等）的加工。

（3）在生产的初始阶段就必须对染料的颜色和用量进行选择，一般至少需要提前 6 个月，生产周期长，对市场的适应性较差。

（4）在加工过程中存在颜色污染的可能性。

（5）为了完成订单量，染色纤维的量一般高于比订单量，多余的染色纤维可能会造成浪费，除非这些染色纤维可以被重复利用。

重要知识点总结

1. 羊毛纱线和织物生产系统主要有精纺系统和粗纺系统。

2. 用于粗纺系统中的羊毛一般比用于精纺系统中的羊毛更短、更粗，一般长于 60mm 的套毛会用于精纺系统中，短于 50mm 的羊毛用于粗纺系统中。

3. 羊羔毛是对小羊羔第一次剪毛获得的羊毛，常用于粗纺系统中，用于生产毛绒感强且柔软的纱线和最终产品。

4. 粗羊毛是指提供羊肉的羊所生产的羊毛，比较有代表性的是英国羊，如黑脸羊、多塞特羊，这类羊毛的平均直径一般为 25~30μm。

5. 粗纺系统是对精纺系统的重要辅助，可使废毛被再度加工利用，用于粗纺系统的羊毛的细度需要符合商业要求。

6. 粗纺系统和精纺系统的共同点为：洗毛以去除可溶性和不溶性杂质、通过机械或化学方式去除其他的杂质、使纤维彼此之间平行排列，并最终纺成纱线。

7. 精纺系统和粗纺系统的不同点为：

（1）粗纺系统中，洗净毛经过梳毛和粗纺细纱即可纺成纱线；精纺系统中，在细纱之前需要一系列的梳毛、针梳、精梳工序将羊毛加工成毛条。

（2）粗纺和精纺系统所用的设备是不同的，以适合加工不同种类的羊毛。

（3）粗纺系统中，羊毛通常在洗毛或洗毛和炭化后以散纤维形式进行染色；精纺系统中，羊毛以毛条形式进行染色。

(4) 粗纺纱线相对较粗、强力较低、毛羽较多，粗纺织物一般比较厚且表面的纤维会将织物组织覆盖。

练习

1. 精纺系统和粗纺系统所用的羊毛有哪些不同？
2. 原毛的主要性能有哪些？
3. 毛条的主要性能有哪些？哪些因素决定毛条的规格？哪些机构对毛条进行测试？
4. 毛条制造主要包含哪些工序？
5. 什么是半精纺加工？
6. 粗纺系统中主要的工序有哪些？
7. 如何测试羊毛纤维的平均长度？

第十章　精纺纺纱用毛条的制备

学习目标：

1. 掌握纺纱用毛条的制备流程。
2. 掌握粗纱机的工艺过程。
3. 理解影响最终纱线质量的相关原因。

第一节　纺纱厂对精梳毛条的要求

精梳毛条可用于商业交易，有些纺纱厂购买精梳毛条用于纺制精纺毛纱。为了确保毛条质量，纺纱厂会对所购买的毛条进行如下测试：①纤维的平均直径以及直径离散（CVD）；②纤维的平均长度，包括豪特长度、巴布长度、豪特长度离散 CVH、巴布长度离散 CVB；③植物性杂质，包括尺寸及数量（个/100g）；④溶剂萃取物质；⑤颜色：Y-Z 值；⑥毛条重量：g/m；⑦条干均匀度：乌斯特条干 CV 值；⑧总的脂肪性物质含量百分比；⑨毛粒，包括尺寸及数量（个/100g）；⑩纤维改性，如防毡缩处理。

在贸易交易中，这些性能的测试对于毛条厂和纺纱厂都是非常重要的，两者需要对这些性能的平均值及允许偏差达成共识。不同纺纱厂对毛条每项性能的允许偏差（最大值及最小值）的要求是不同的，主要取决于顾客的需求，有时只对某项性能的最大值或最小值有要求，如纤维直径（只限制其最大值），因为直径较细的羊毛不会对纺纱加工造成不便。

一般纺纱厂对毛条规格的要求如表 10-1 所示，除表中的性能之外，有些纺纱厂还会测试羊毛纤维的卷曲率，因为卷曲率会影响织物的性能，纤维卷曲率越大，织物越蓬松且不易起球。如果最终产品要求可以机洗或转笼烘干，则必须对毛条进行防毡缩处理。

表 10-1　毛条规格

性能指标	平均值	允许偏差
纤维平均直径/μm	18.5	<+0.2
直径离散 CVD/%	21.0	<+1.0
豪特长度/mm	64.0	±2
豪特长度离散 CVH/%	45.0	<+1.0
短于 30mm 的纤维含量/%	13.0	不能超过平均值
含油率/%	0.8	不能超过平均值
回潮率/%	18.25	
条重/（$g \cdot m^{-1}$）	20~25	±2
毛粒/［个·（100g）$^{-1}$］	2	不能超过平均值

续表

性能指标	平均值	允许偏差
乌斯特条干 *CV* 值/%	3.5	不能超过平均值
植物性杂质/［个·（100g）$^{-1}$］	2	不能超过平均值
有色纤维	色调为 0	

第二节　纺纱前对精梳毛条的加工

纺纱之前，纺纱厂需要对精梳毛条进行进一步的加工，加工流程取决于毛条是否染色、是否经过处理以及毛条厂对毛条的处理。一般需要复针梳、复精梳、牵伸并条及粗纱工序。

一、复精梳

纺纱厂一般都会对毛条进行复精梳，不管毛条是本色的还是染色的、未经过处理的还是经过处理的。有时复精梳工序会在毛条厂中进行。

复精梳工序的目的是：①去除残余的短纤维；②伸直纤维，并使纤维分离成单纤维，在毛精纺系统中精梳工序能最有效地使纤维伸直；③去除残余的植物性杂质和毛粒。经过复精梳工序后，较长的纤维形成毛条进行纺纱，较短的纤维则形成精梳落毛。复精梳工序可以提高纺纱加工的效率、减少纱线疵点、显著改善最终纱线的外观。CSIRO 在 1996 年的一项研究表明，引入复精梳工序后，最终针织物的毛粒可以减少 70%～90%。最终织物中的毛粒含量可以根据毛条中的毛粒含量进行预测，这两者的关系为：若毛条中的毛粒含量为 1 个/100g，则织物中的毛粒含量为 3 个/m。

毛条经过复精梳之后，必须进行复针梳以改善条子的均匀度。复精梳可以使毛粒显著减少约 70%，复针梳会使毛粒增加，但是复精梳后的复针梳毛条中的毛粒比未复精梳的针梳毛条中的少。复精梳后毛粒的变化如表 10-2 和图 10-1 所示。

表 10-2　复精梳后毛粒的变化

工序	未复精梳时毛粒的含量/［个·（100g）$^{-1}$］	复精梳后毛粒的含量/［个·（100g）$^{-1}$］
毛条（纤维平均直径 21μm）	85	20
头针	77	18
二针	112	31
三针	120	33
四针	170	48
五针	202	56
粗纱	116	32

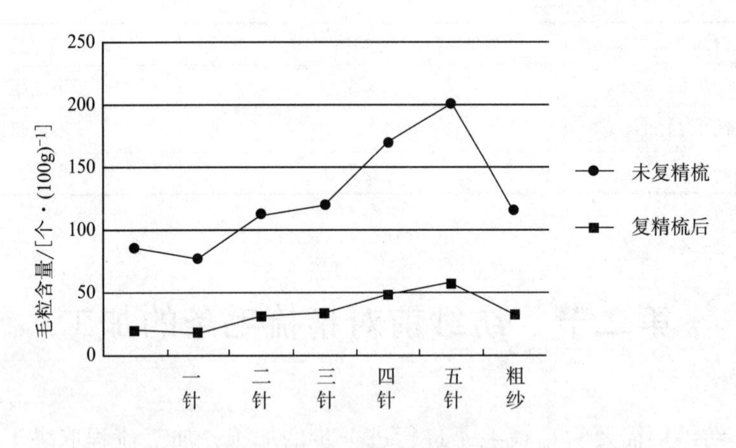

图 10-1 复精梳后毛粒的变化

复精梳对纱线质量及后道工序的影响见表 10-3。复精梳工序可以使粗纱中的毛粒含量减少，从而减少纱线中的毛粒含量，毛粒的减少也可以使络筒工序的效率从 85%提高至 95%，机织物生产过程中对织物疵点的修补时间可以减少 80%，从而减少生产成本。

表 10-3 复精梳对纱线质量及后道工序的影响

性能指标	未进行复精梳	复精梳后
粗纱中的总毛粒含量/［个·（100g）$^{-1}$］	245	90
纱线中的毛粒含量/［个·（1000m）$^{-1}$］	66	15
清纱器切除的短粗纱疵点数量/［个·（100km）$^{-1}$］	381	78
清纱器切除的总疵点数量/［个·（100km）$^{-1}$］	452	93
络筒效率/%	85	95

二、毛条中的毛粒数量与纱线疵点的关系

纺纱工业中，人们比较关心的一个问题是：毛条中的毛粒数量与最终纱线和织物中的疵点数量之间是否存在相关性。CSIRO 对毛条中毛粒数量与纱线疵点数量之间的相关性做了初步的研究：选用 8 种不同的羊毛，将其加工成精梳毛条，然后分成两组，一组不经过复精梳直接加工成纱线，一组经过复精梳后纺成纱线，测试未经过复精梳的毛条中的毛粒数量以及复精梳后毛条中的毛粒数量，再分别将这两组纱线在赐来福 238 络筒机上进行络筒，该络筒机上的电子清纱器可以自动计数纱线上的疵点。研究结果如图 10-2 所示，未经过复精梳的毛条中毛粒数量与纱线疵点数量之间的相关性较小，复精梳毛条中毛粒数量与纱线疵点数量之间的相关性较大。

此外，精梳加工的工艺对最终纱线的疵点数量也有直接的影响，见表 10-4，喂入负荷少所产生的疵点多，速度提高后疵点也增加，但增加的不多。复精梳毛网的边缘易受输入负荷和精梳速度的干扰，可以通过如下实验验证：边缘采用有色毛条、中间采用原色毛条，如图 10-3 所示。结果表明，边缘干扰对最终纱线中疵点含量的影响很大。

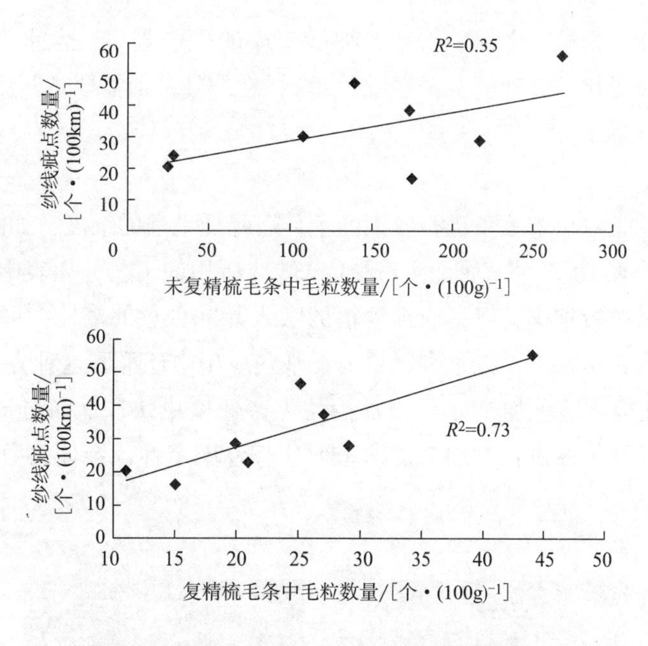

图 10-2　毛条中毛粒数量与纱线疵点数量的关系

表 10-4　精梳工艺对疵点的影响

精梳喂入负荷/（g·m^{-2}）	精梳速度每分钟循环数	边缘疵点百分率/%	
		预期值	实测值
240	175	16.7	50.0
240	210	16.7	58.8
480	175	8.3	15.9
480	210	8.3	28.6

三、牵伸

复精梳后所需要的牵伸倍数取决于羊毛直径、所纺纱线支数、纺纱限制（即纱线截面内所需的最少纤维根数）、纱线的质量要求、纺纱厂的生产成本。纺纱厂需要平衡考虑复精梳和复针梳工序对纱线质量的提高与生产成本之间的关系，要合理安排复精梳及复针梳工序。

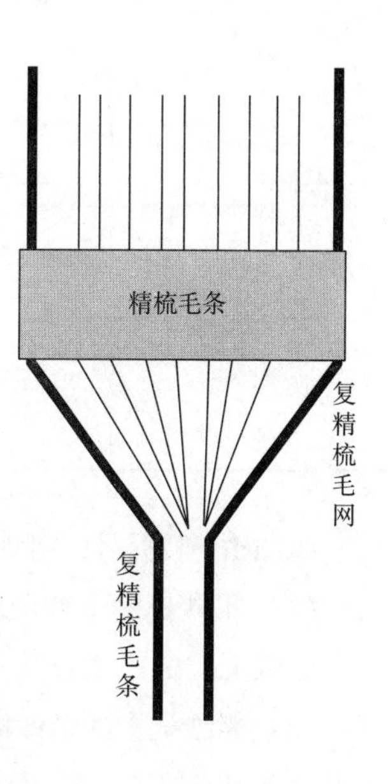

图 10-3　复精梳毛条

不管原料是从其他企业购买的，还是本企业生产的，纺纱厂一般会对喂入细纱机的原料再次进行检测，包括对毛条外观和状态的主观检测、对毛条的客观仪器检测（如细度、条干均匀度、杂质含量、含水率等）、可萃取物含量的检测（可萃取物含量取决于喂入毛条的性能、所纺纱线的风格和技术要求）。为了确保精梳的效率，必须保证羊毛有足够的含水率，这对于染色毛条和经过防毡缩处理的毛条尤其重要，因为染色和防毡缩处理后都需要烘干。为了确保针梳、精梳、牵伸、粗纱、细纱工序的生产效率，含水率的测试是必需的。此外，如果毛条经过了化学处理（如防毡缩处理），在纺纱之前需要重新添加纺纱助剂。

四、粗纱

粗纱工序的目的是对单根毛条进行较大的牵伸以降低毛条的细度，如图 10-4 所示，使其满足细纱机的喂入。表 10-5 为某企业生产 20tex 纱线所用的工艺，如表中所示，粗纱的细度很细，因此需要对其进行加固，以适应细纱机的喂入并减少意外牵伸，可以采用加真捻的方式来增强粗纱的强力，但捻度不能过大，目前在某些应用中还采取这种方式，1959 年 Schlumberger 开发了搓捻机构，这种加捻方式比真捻的生产速度更快，从而可提高粗纱机的产量。搓捻粗纱机上还做了如下改进：采用双皮圈牵伸代替针圈牵伸，牵伸倍数更高从而使喂入条重增加，产量增加。

图 10-4　毛条至粗纱

表 10-5 某企业生产 20tex 纱线的工艺实例

工序	牵伸倍数	并合根数	截面内纤维根数	重量/（$g \cdot km^{-1}$）
精梳毛条			37800	18900
一针	5	5	37800	18900
二针	5	5	37800	18900
三针	5	5	37800	18900
四针	6	5	31500	15750
五针	6	4	21000	10500
六针	7	4	12000	6000
粗纱	15	1	800	400
细纱	20	1	40	20

如图 10-1 所示，粗纱工序加工后条子中毛粒减少的原因如下：

（1）粗纱机的牵伸区域中没有梳针，针梳机中梳针的进入和退出可以控制纤维运动，但也会导致毛粒的产生；

（2）粗纱机中的牵伸倍数约为 15 倍，比针梳机中的牵伸倍数（约为 6 倍）高，这可使一些毛粒破碎或伸直，从而使毛粒尺寸减小或忽略不计（小于 2mm 的毛粒在检测中是不计数的）。

现在，毛精纺企业常用的粗纱机为高速无捻粗纱机，如图10-5所示，其特点为：速度可高达250m/min、喂入负荷可较大、满筒自动落纱。无捻粗纱机的主要组成部分包括喂入机构、牵伸皮圈、牵伸罗拉、搓捻机构（主要包括上、下搓条皮板）、卷绕滚筒、断头自停机构、传动机构等。带有纵向沟槽的上、下搓条皮板既沿粗纱行进方向运动，又做横向往复搓动，迫使须条中纤维紧密地聚集在一起，制成光、圆、紧的粗纱。无捻粗纱机中的搓捻程度取决于搓捻次数及横向搓动的长度。每米搓捻次数的计算公式如下，在设置该参数时也需要考虑纤维的性能，如直径、卷曲性能、平均长度及长度分布。

$$\text{每米搓捻次数}=\frac{\text{频率（周期/min）}}{\text{喂入速度（m/min）}}$$

图10-5　高速无捻粗纱机

为了提高粗纱机的产量以及有利于后续操作，两根粗纱被卷绕到一个筒管上。为了确保最终细纱的质量，粗纱机上需要控制的要素如下。

（1）粗纱工序是纺纱加工过程中唯一采用负张力传递的工序，绝大多数的粗纱不匀是由于不正确的张力传递导致的。

（2）粗纱的卷取速度比前罗拉的输出速度慢1%~5%，以适应粗纱条的左右摆动卷绕运动。加工每一批次的毛条时，都需要严格设置卷取速度以避免张力不匀或产生意外牵伸。

（3）为了获得质量均匀的粗纱，粗纱机中建议采用15~20倍的大牵伸。

（4）牵伸罗拉的硬度、直径和表面性能对粗纱加工都很重要，需要对罗拉进行定期的检查和保养。

（5）使用乌斯特在线质量监测器进行在线检测，以确保工艺设置的准确性。

（6）一般将两根粗纱卷绕至一个筒管上，如图10-6所示。卷绕粗纱时导向装置的选择取决于纱线支数和纤维性能，一般三螺旋导纱装置适用于大多数细羊毛、双螺旋导纱装置适用于较粗的羊毛。而且导纱装置的磨损会影响其使用，必须定期检查。

（7）条子喂入粗纱机时，需要经过导条辊的引导，导条辊的排列必须准确以避免对纤维条的损伤，如果导条辊排列的不够整齐，可能造成纤维的集聚，从而造成纱线疵点或粗纱机停止运转。导条辊的尺寸必须与纤维条细度和细纱细度相匹配。导条辊的表面需要定期检查，发现磨损需要及时更换。

图 10-6　粗纱的卷绕

重要知识点总结

1. 纺纱前，还需要对精梳毛条进行复精梳、复针梳、粗纱加工。

2. 精梳毛条的重量约为 20g/m，粗纱的重量约为 0.5g/m，牵伸倍数约为 40 倍，这些牵伸是由针梳和粗纱工序完成的。随着条子越来越细，牵伸区中一般使用一对加压的皮圈加强对纤维运动的控制。

3. 粗纱工序的作用：降低条子的重量、通过搓捻或真捻加强对纤维的控制。

4. 复精梳和牵伸对最终纱线质量的影响主要是毛粒，毛粒越少，则纱线疵点越少。

练习

1. 精纺纺纱之前需要对毛条进行哪些加工？每道工序的目的是什么？

2. 纺纱前对毛条的加工不当会对纺纱过程产生什么影响？

3. 纺纱厂购买的毛条规格为：羊毛直径 19.5μm、条重 20g/m，想要生产 60 公支的纱线，需要的总牵伸倍数是多少？针梳和粗纱工序中应选用哪种类型的牵伸？

第十一章　精纺环锭纺

学习目标：

1. 掌握细纱工序的目的以及环锭细纱机的工艺过程。
2. 理解影响细纱加工的关键问题。
3. 掌握捻系数的定义。
4. 理解羊毛纺纱过程中的关键技术以及与纤维和设备相关的限制因素。

第一节　概述

细纱工序的目的是：①将粗纱牵伸至所需要的纱支；②对牵伸后的须条进行加捻，以赋予纱线所需的强力；③将纱线卷绕到筒管上以利于后续工序。

最终生产的纱线必须具有以下性能：①适当的纱支（即单位长度的重量）；②适当的捻度；③纱支和捻度的不匀性小；④足够的强力和延伸性；⑤最少的强力薄弱点，使针织和机织过程中断头少；⑥优良的外观：精纺毛纱光滑、毛羽少，粗纺毛纱丰满、毛羽多；⑦纱支稳定性好；⑧在机织和针织过程中耐磨性好；⑨在后续工序和最终产品中表现优异。

在纱线生产过程中，需要确保纱线质量的恒定，无论是每厘米纱线的质量还是每千米纱线的质量。一般每一批次加工的纱线长度很长，如生产克重 $200g/m^2$、长 1000m 的经典面料所需要的纱线长度为 8000000m，要控制如此长度的纱线的质量恒定是非常困难的，因此需要严格设置纺纱工艺参数。

在纱线的性能中，纱线细度和捻度是非常重要的。

一、纱线粗细程度

纱线粗细通常用线密度表示，可以用单位长度的重量（直接法）和单位重量的长度（间接法）表示。精纺毛纱的粗细可以用以下指标表示。

1. 公制支数 N_m

公制支数是最常用的，其定义是 1g 纱线所具有的长度米数，数值越高表示纱线越细。

2. 线密度 Tt

线密度的单位为特克斯（tex），其定义是 1000m 纱线的重量克数，数值越高，表示纱线越粗。

3. 英制支数 N_e

这是最传统的毛精纺纱线的细度单位，现在已很少采用，其定义是每英镑（454g）纱线所具有的 560 码长度的个数，数值越高，表示纱线越细。

转换关系如下：

$$N_m = \frac{1000}{\text{Tt}} \quad N_e = \frac{886}{\text{Tt}}$$

二、纱线捻度

捻度的定义是特定长度纱线所具有的捻回数，最常用的捻度单位是捻/m（每米的捻回数）。捻度只能用来比较支数相同的纱线的加捻程度，但捻度不能用来比较纱线支数不同时的加捻程度，加捻程度不同，纱线手感的柔软程度不同。因此需要将纱线的捻度和细度联合使用，这个参数被称为捻系数，捻系数与捻度和线密度及公制支数之间的关系如下：

$$\alpha_m = \frac{\text{捻度}}{\sqrt{N_m}} \quad \alpha_t = \text{捻度} \times \sqrt{\text{Tt}}$$

一般，柔软的针织纱常用的公制捻系数（α_m）为 75，机织用单纱常用的公制捻系数为 125。

捻度的方向可以是 S 捻（顺捻）或 Z 捻（反捻），捻向对最终产品的外观是非常重要的。

第二节　环锭纺

羊毛纺纱可用的纺纱方式有很多种，如走锭纺、赛络纺、环锭纺、紧密纺、转杯纺等，其中环锭纺是目前最常用的。

一、环锭细纱机的工艺过程

在环锭纺过程中，悬挂在细纱机上方的粗纱筒子上的两根粗纱被分开，分别喂入相邻的牵伸区域。如图 11-1 所示，牵伸区域中包含以不同速度运动的罗拉，可以将喂入的粗纱牵伸成所需要的细度，常用的牵伸倍数为 20 倍（即粗纱的重量可以减少 20 倍）。中间的一对罗拉上套有皮圈，皮圈的运动是由罗拉驱动的，可以赋予纤维须条一定的压力，从而控制牵伸区域中纤维的运动。

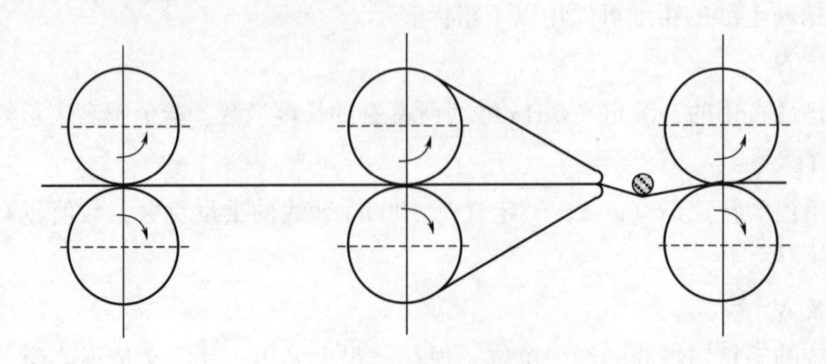

图 11-1　细纱机中的牵伸区域

如图 11-2 所示，牵伸后的须条从前罗拉输出后被加上捻度，并通过导纱钩穿过套在钢领上的钢丝圈，卷绕到紧套在锭子上的筒管上。锭子高速回转，通过有一定张力的纱条带动钢丝圈在钢领上高速回转，钢丝圈每一回转就给牵伸后的须条加上一个捻回，由于钢丝圈的速度落后于纱管的回转速度，因而使前罗拉连续输出的纱条卷绕到筒管上。必须给纱条加上足够高的捻度，以确保后道工序的顺利进行，并满足最终产品的要求。

二、毛精纺用环锭细纱机

毛精纺用的环锭细纱机如图 11-3 所示，一般每一面包含 100~500 个锭子，两面可以同时驱动，也可以单独驱动。锭子的转速一般为 7000~12000r/min，具体速度取决于纱线的细度和所需要的捻度。

毛精纺环锭细纱机上生产的纱线的捻向一般是 Z 捻，捻度一般为 300~1000 捻/m。如果捻度为 500 捻/m，锭子的转速为 10000r/min，则细纱机输出细纱的速度约为 20m/min，每个锭子的产量是非常低的，因此需要多个锭子共同输出以保证产量。细纱机上钢领的直径一般为 44~60mm。

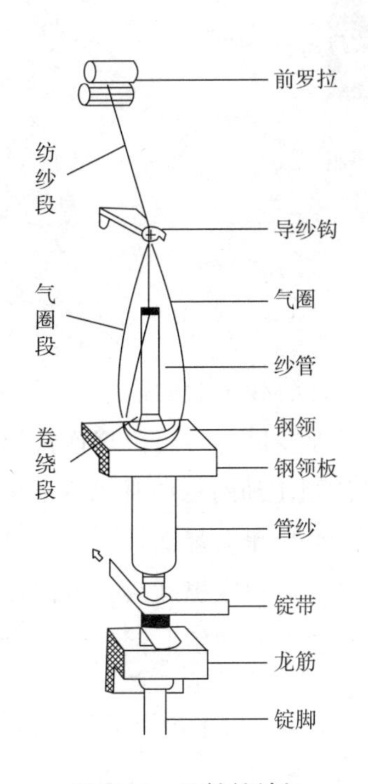

图 11-2　环锭纺纱机

图 11-3　毛精纺用环锭细纱机

三、环锭细纱机重要的工艺设置

环锭细纱机上某些工艺参数对纱线质量和后道工序的影响很大。

大多数细纱机上牵伸皮圈至前罗拉握持点之间的距离（图 11-4）是可调节的，调节该参数时需要考虑细纱机生产商的建议、所加工纤维的性能、纱线的规格等，理论上该距离设置得越小越好。

上下皮圈之间的距离会影响皮圈相互挤压的程度，这个距离的设置需要与粗纱的细度及纱线的细度相匹配。

细纱机生产商还会为纺纱厂提供不同型号的隔距块，所纺纱线越粗，隔距应越大，实际生产中一般采用紧隔距。

细纱机中的牵伸罗拉和集合器需要定期进行检查和维护。

图 11-4 牵伸皮圈至前罗拉握持点间的距离

四、新型环锭细纱机

1. 带自动落纱的环锭细纱机

20 世纪 90 年代，生产成本增加，尤其是西欧，为了满足当时纺纱企业的需求，环锭细纱机生产商对细纱机进行了改进，如提高设备的自动化程度、将细纱机与络筒机相连接以使细纱机生产的管纱自动喂入络筒机中。如图 11-5 所示，此类细纱机上所有的纱管满管后可全自动落纱，并将空管重新插入锭子上。设备下方有一条传送带，空管和满管都是通过传送带运输的，通过传送带还可将满管直接输送至络筒机中。细纱机自动化程度提高后，可以使用更小的钢领和纱管，钢领的减小可以使纺纱速度提高，但纺纱速度也受钢领上钢丝圈速度的限制。

2. 可蒸纱的环锭细纱机

毛精纺环锭细纱机所纺制的单纱在络筒之前一般都需要进行蒸纱，以稳定纱线的捻回。一些公司开发了可蒸纱的环锭细纱机，满的纱管从细纱机下机后先进入传送带上的蒸纱器中进行蒸纱，然后再喂入络筒机中。与此同时，络筒机生产商也对络筒机进行了改进，使得捻回不稳定的纱线在张力作用下可保持捻回的稳定性。

近年来，纺纱设备的自动化程度越来越高，使纱线品质得到了提升。

图 11-5　带自动落纱的环锭细纱机

第三节　环锭纺纱过程的质量控制

纺纱过程中，纤维在纱线内所处的位置是随机的，因此为了保证纺纱过程的顺利进行，纱线截面内的纤维根数不能少于 40 根。纱线截面内纤维根数越少，由其制成的面料的克重越小。有些情况下，纱线截面内的纤维根数降低至 35 根，可以生产更加轻薄的面料，但纺纱中的断头会增加，且纱线的质量较差。

毛精纺纺纱过程中，需要考虑纺制所需支数纱线可使用的最粗羊毛的成本以及纺纱过程的顺利进行、纱线品质、最终产品的品质之间的平衡。此外，纤维和毛条的豪特长度、强力、纤维直径 *CV* 值、卷曲等性能对纺纱过程的顺利进行也有很大的影响。

羊毛纤维和棉纤维可纺最细纱线的细度见表 11-1。由于棉纤维的直径比羊毛纤维的小，棉纱的细度比毛纱的细度细，制成的棉机织面料也比毛机织面料更轻薄。

表 11-1　羊毛纤维和棉纤维可纺的最细纱线

项目		羊毛		棉
纤维直径/μm		18	22	12
纱线截面内纤维根数为 40 根时的纱线支数/公支		78	52	114
纱线截面内纤维根数为 35 根时的纱线支数/公支		90	60	130
纱线截面内纤维根数为 40 根时的面料重量/（$g \cdot m^{-2}$）	平纹组织	160	205	75
	2 上 2 下斜纹组织	190	240	90

一、纺纱断头

纺纱过程中纱线断头的数量会决定纺纱过程是否顺利，断头的数量一般用千锭时断头数（EDMSH）表示。纺纱中的断头会导致：产量降低、纱线品质降低（更多接头或结点）、影响后道加工（如机织过程中经纱断裂、针织过程中纱线断裂），因此需要将 EDMSH 控制在合理的范围内。毛精纺中，当纱线截面内的纤维根数为 40 根时，EDMSH<20，表明纺纱过程非常顺利；EDMSH 为 20~50 时，纺纱过程比较顺利；EDMSH>70，则表明纺纱过程无法进行，并会对后续的织造加工造成严重的影响。

影响纺纱断头的因素很多，如纤维直径、纤维长度、强力、纺纱条件（如捻度、钢丝圈的速度、细纱机的状态等）。

1. 纤维直径对纺纱断头的影响

对大多数毛精纺纱线而言，为了保证纺纱过程顺利进行，纱线截面内的纤维根数至少为 35~40 根，当纤维根数少于 35 根时，纺纱断头会增加，从而使纱线的条干均匀度较差，如图 11-6 所示。

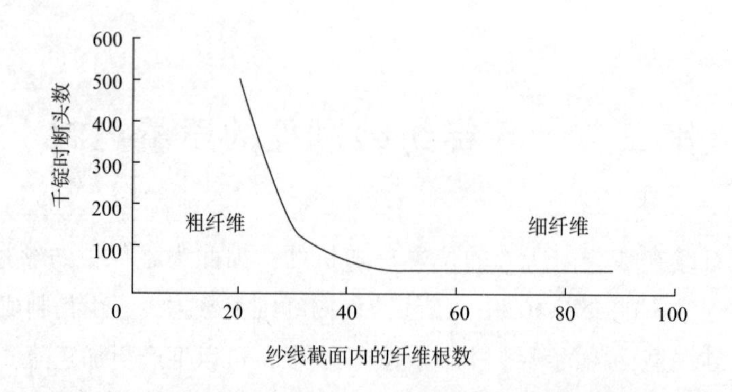

图 11-6　纤维直径对纺纱断头的影响

2. 豪特长度对纺纱断头的影响

为了得到豪特长度对纺纱的影响，分别在锭速为 8000r/min 和 10000r/min 时纺制 44 公支的单纱，纱线截面内的纤维根数为 45 根，豪特长度对纺纱断头的影响如图 11-7 所示。当锭速较低时，豪特长度对纺纱断头的影响很小；但是当锭速较高时，豪特长度越长，纺纱断头越少。

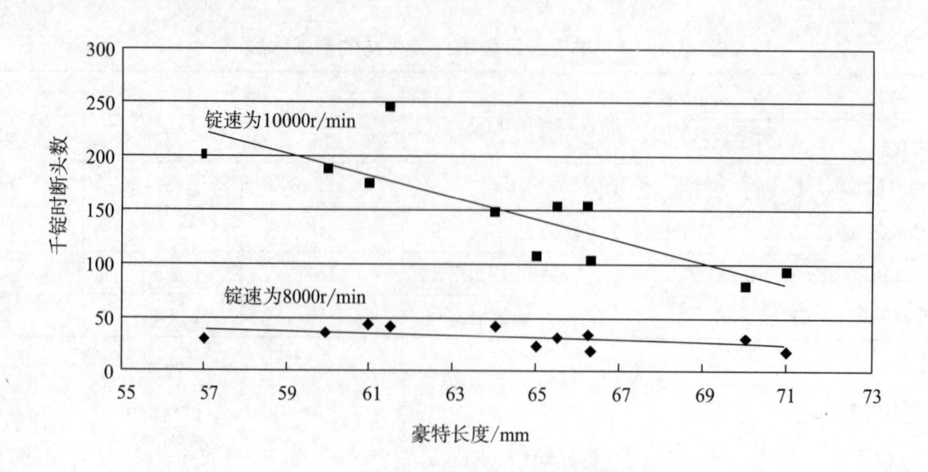

图 11-7　豪特长度对纺纱断头的影响

在同一次研究中也发现：纤维强力以及断裂点位置对纺纱断头的影响很小，但是强力最差的羊毛制成的粗纱在环锭细纱机上的纺纱性能很差；当锭速较高时，强力最差的羊毛制成的粗纱的纺纱效率最低。大多数情况下，中间断裂的羊毛比两端断裂的羊毛纺纱时断头更多。

原料中所含的杂质对纺纱过程的影响较大，此外，纤维性能的很小改变都会对纱线性能和纺纱过程产生较大的影响，如染色过程产生的纤维损伤、粗纱不均匀、接头不良、由于细纱车间的相对湿度较低而产生的纤维含水量较低等。

3. 设备对纺纱断头的影响

纺纱设备会影响纺纱断头，包括：

（1）纺纱速度过快，当纱线质量较差、断头较多时，可以采取降低纺纱速度和适当增加捻度的措施予以改善；

（2）纺纱过程中张力过高以及张力不均匀；

（3）设备的工艺参数设置不当，如皮圈垫片、后区牵伸设置不当；

（4）纤维缠绕在罗拉以及其他部件上，产生缠绕的原因有羊毛太干、加入的润滑剂或抗静电剂不足、洗毛后残留的油脂过多、罗拉较脏或老化；

（5）设备保养不当，如罗拉、钢丝圈、皮圈、锭子等部件的磨损；

（6）不受控制的加捻气流。

纺纱厂的技术人员想要找到纺纱断头过多的具体原因是很耗时的，但是前提是其需要具备在标准条件下测试纤维和纱线性能的能力。有些问题在后道加工中很容易显现出来，但是如果希望对毛条和纱线性能进行监控，则需要尽早找到产生问题的原因并加以解决。

二、环锭纺生产率

羊毛是一种低强高伸的纤维，因为强力较低，所以限制了其纺纱速度，与其他纤维相比，羊毛的纺纱速度需要偏低。见表 11-2，纺棉纤维时锭子的转速可以高达 30000r/min，而纺羊毛时锭子的转速仅可达 10000r/min。

表 11-2 羊毛纱线和棉纱线的生产率

纱线	锭速为 10000r/min 的生产率/（$m \cdot min^{-1}$）	锭速为 30000r/min 的生产率/（$m \cdot min^{-1}$）
羊毛纱线（捻度为 700 捻/m）	14.3	纺纱断头过多，无法正常生产
棉纱线（捻度为 840 捻/m）	11.6	35.4

棉纤维中天然存在的棉蜡有利于其纺纱过程，棉蜡的作用为：可以作为钢领与钢丝圈界面的润滑剂以降低金属与金属之间的摩擦、降低了纺纱气圈对纱线的摩擦阻力。羊毛是一种相对较干的纤维，因此在钢领与钢丝圈的界面处必须添加润滑剂，以改善纺纱过程，但是添加的润滑剂不如棉纤维中天然存在的棉蜡有效。

合成纤维的强力一般较高，因此纺纱速度也可以较高。

钢领和钢丝圈是环锭细纱机的主要部件，因此对纺纱过程有较大的影响。实际生产中，由于钢丝圈速度的限制，实际纺纱速度一般不会达到理论上的最大值，从而也限制了锭子的速度。

三、纱线毛羽

纱线上的毛羽过多会导致：机织和针织加工困难、纱线和织物的外观不良、织物耐磨性差及容易起球。纱线表面的毛羽及由此产生的织物起球如图 11-8 所示。毛羽可能是纺纱厂普遍存在的问题，可能与某一批纤维有关，也可能是由一个或几个锭子运转异常造成的。如果不加以控制，这几根毛羽过多的纱线就会在织物中随意分布，导致织物的降级或成为废料。

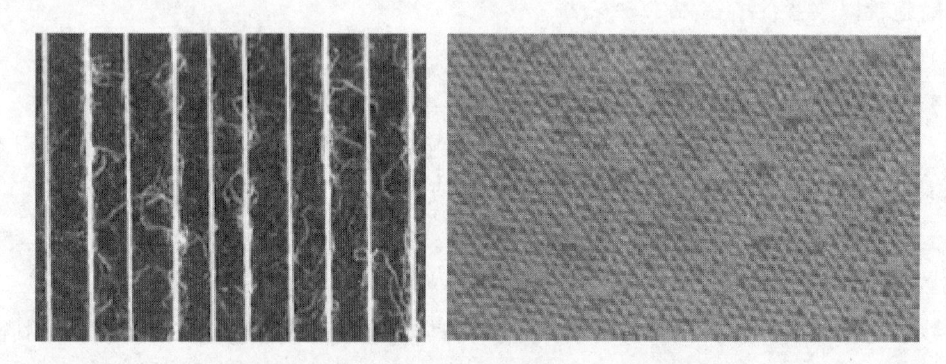

图 11-8　纱线上的毛羽及因此而产生的织物起球

1. 纤维性能对毛羽的影响

纤维越细，制成的纱线毛羽越多；纤维的回潮率越低，制成的纱线毛羽越多；合成纤维比天然纤维制成的纱线毛羽更多；纤维越长，制成的纱线毛羽越少；低卷曲的纤维不容易被捻至纱体中心，因此其制成的纱线毛羽较多。

2. 纺纱条件对毛羽的影响

（1）牵伸工序道数越多，纱线的毛羽越少。

（2）细纱工序牵伸倍数越大，牵伸区域中的纤维须条越窄，纺纱三角区越小，纱线的毛羽越少。

（3）粗纱的捻度对毛羽的影响较小，无捻粗纱比有捻粗纱更易减少细纱的毛羽，有捻粗纱的捻度越大，细纱的毛羽越少。

（4）锭子速度越高，毛羽越多。

（5）纱线捻度越大，毛羽越少。

（6）纱线张力：毛羽的多少取决于纺纱三角区的长度和宽度。适当的张力可以减少纱线与机械元件的接触、确保捻度向前罗拉传递，这都可以使纺纱三角区的长度变短、宽度变窄，从而减少毛羽。

（7）前牵伸区中的集合器如果设置恰当，且正确维护，也可以使毛羽减少。

（8）润滑剂：润滑剂用量不足会使毛羽增加，润滑剂的使用需要与纤维的含水量相适应。

(9) 相对湿度：纤维过干会使纱线的毛羽增加，因此纺纱过程中需要确保纤维中的含水量适当，如果条件允许，粗纱车间的相对湿度应该较高。在纤维表面喷洒水分会使毛羽恶化，水分应该进入纤维内部而不是喷洒在纤维表面。

如图 11-9 所示，在纺纱三角区中，外部纤维比内部纤维所承受的张力更大，因此当外部纤维的尾端从牵伸区域中的前罗拉输出后，会向纱线外部运动，从而形成纱线表面的毛羽，这些毛羽会与细纱机上的钢丝圈或络筒机中的导纱器产生摩擦。

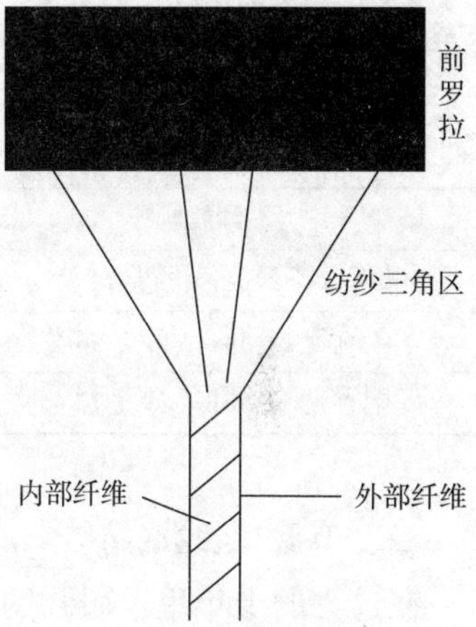

图 11-9　纺纱三角区

3. 设备对毛羽的影响

(1) 罗拉：如隔距的设置、集合器，一般紧隔距比较好，尤其是皮圈至前罗拉钳口之间的隔距。

(2) 导纱器：纱线与导纱器之间的摩擦应较小，导纱器的表面磨损应较小。

(3) 钢领、钢丝圈：钢领与钢丝圈之间的摩擦应较小，钢丝圈的材质和型号必须与纱线支数和纤维材料相适应。

(4) 纱管的长度：长度越长，毛羽越多。

(5) 纱管的直径：需要与纱线支数相适应。

4. 络筒工序对毛羽的影响

络筒工序可以将纱线的卷装形式由管纱改变为筒子纱，这一过程会使毛羽显著增加。因此在络筒的过程中应尽量避免纱线与络筒机上机械部件之间的接触，必须接触的机械部件表面应光滑，施加适当的纱线张力有助于减少纱线与金属的接触，从而使毛羽减少。

第四节　特殊纱线的生产

一、高支纱

近 20 年来，轻薄织物越来越受欢迎，因此对高支纱的需求越来越大。为了保证纺纱过程的顺利进行，纱线截面内的纤维根数需要大于 35~40 根，所以所生产的纱线越细，所使用的羊毛纤维也需要越细。

为了生产高质量的高支纱，纺纱设备生产商开发了新型的设备及工艺，以适应高支纱严格的要求，如在精梳毛条和末道针梳之间增加工艺道数以生产高质量的粗纱，生产 50 公支或更低支数的纱线时仅需要 5 道工序，但是生产 60~100 公支的纱线时则建议使用 10 道工序。此外，还设计了新型的牵伸工艺和设备，以控制更短更细纤维的运动。这些新的设计都是为了改善粗纱的质量，主要包括：①增加工艺道数；②增加总的并合根数；③对越细的羊毛采用越小的牵伸倍数；④在精梳前引入特殊的混毛机加强纤维的横向和纵向的混合；⑤在最后一道牵伸工序中使用特殊的罗拉加强对纤维的控制；⑥末道针梳机的牵伸区中使用直径更小的罗拉，以使前隔距可以缩小至25mm；⑦采用双搓捻系统，以增加细度更细的粗纱中纤维的抱合力。

纱线越细，价格越高，因为细纱线所使用的细羊毛价格更高，而且纺纱成本也更高，见表11-3。60公支的精梳棉环锭纱的加工成本约为3.5澳元/kg，因此可以看出相同细度的精纺羊毛和精纺棉的环锭纺加工成本比约为3.3∶1。

表11-3　纱线的生产成本

纱线	纱线价格/（澳元·kg^{-1}）	估计加工成本/（澳元·kg^{-1}）
羊毛直径22μm、纱支24公支	17.0	6.0
羊毛直径18.5μm、纱支56公支	23.5	11.5
羊毛直径18.5μm、纱支72公支	27.7	16.7

二、羊毛/氨纶混纺纱

在过去的十年里，服装的延伸性要求已经成为时尚产业（尤其是运动时尚）不可分割的一部分。

目前，生产延伸性较好的羊毛服装常用的方法是使用羊毛与弹性纤维（如氨纶）混纺的纱线，为了更有效地纺制这类纱线，需要特殊的装置来控制高弹长丝的张力和进入细纱机的位置，这个装置在每个锭子上必须准确且一致，并具备较高的重现性、简单易用。此外，还需要使用特殊的装置以防止皮圈和皮辊的过早磨损。

三、防缩羊毛纱线

经过防毡缩处理的毛条的纺纱性能某些方面与未经过整理的毛条是不同的，因此有必要遵循特定的说明选择润滑剂，以利于其纺纱过程。

经防毡缩处理的羊毛制品与未处理羊毛制品的洗涤性能有显著不同。防毡缩处理后，羊毛纤维的摩擦性能不可避免会发生改变，因为防毡缩处理时，纤维表面被聚合物树脂覆盖而阻止了毛条中纤维的移动。防毡缩处理中，为了使聚合物固化，需要进行烘干，从而使羊毛纤维的含水率降低，干燥的防毡缩羊毛在加工过程中会遇到一些困难。

防毡缩处理必须是100%有效的，因为即使0.1%的未经处理的羊毛在洗涤过程中也会导致明显的“点毡”。在生产过程中，存在因未处理的羊毛混入而污染处理过的羊毛的风险，因此必须严格把关。

重要知识点总结

1. 环锭纺的目的：将粗纱牵伸至所需要的细度、对牵伸后的须条加捻、将纱线卷绕到纱管上。

2. 环锭纺纱的工艺过程：将粗纱从粗纱架上退绕下来喂入至牵伸区域的后罗拉钳口，牵伸区域可以将粗纱牵伸至所需要的细度，从牵伸区域的前罗拉输出的须条在纺纱三角区内加捻，然后通过钢领上的钢丝圈，将纱线卷绕至纱管上。

3. 所纺纱线支数取决于所用的羊毛纤维的直径。

4. 影响纺纱效率（千锭时断头数）的因素包括：纤维的预处理、纺纱速度、设备性能、纤维性能。

5. 影响纱线毛羽的因素包括：纤维性能、纺纱条件、设备问题。

练习

1. 环锭细纱机的主要组成部分是什么？

2. 什么是捻系数？针织用纱线的捻系数是多少？机织用纱线的捻系数是多少？

3. 造成纺纱断头的主要原因有哪些？纺纱断头会导致哪些问题？

4. 什么是纺纱三角区？

5. 直径为 19.5μm 的羊毛可以纺制的最细纱线的细度是多少？

6. 如何生产弹性纱线？

第十二章　精纺环锭纺的变化和替代

学习目标：

1. 掌握可替代毛精纺环锭纺的其他纺纱技术的工艺过程。
2. 理解其他纺纱技术的优点和缺点。
3. 理解精纺环锭纺的变化和替代纺纱技术所纺纱线的应用范围。

第一节　环锭纺的变化

一、环锭纺的缺点

1. 纺纱速度

如图 12-1 所示，在传统的环锭纺中，捻度是通过钢丝圈和锭子的旋转施加到纱线上的，在加捻过程中运动的钢丝圈与静止的钢领之间存在摩擦接触，纱线穿过钢丝圈后再卷绕至筒管上。在纱线围绕锭子旋转时，因空气阻力会形成气圈，从而使纱线产生张力，这是限制环锭纺生产速度的因素之一。钢领与钢丝圈之间的摩擦也是限制环锭纺生产速度的因素之一。

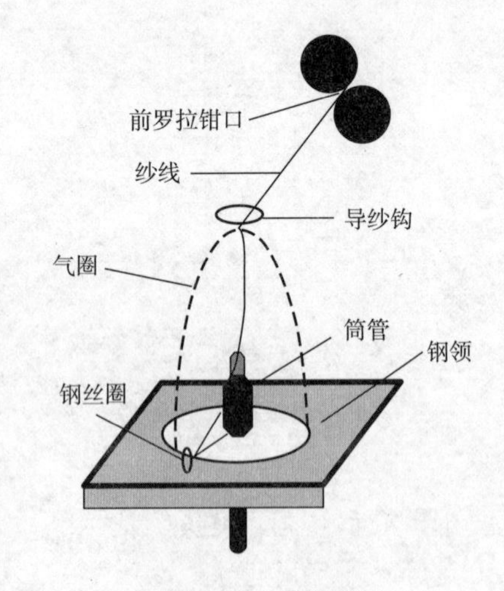

图 12-1　环锭纺

2. 纺纱三角区

环锭纺过程中，纱线捻度在钢丝圈处形成并沿着纱条向上传递至前罗拉处。当纤维集合体离开牵伸区从前罗拉输出时，加捻会使纤维向纱体中间移动并相互缠绕，从而形成纺纱三角区，如图 12-2 所示。纺纱三角区内不同位置的纤维所受的张力是不同的，一般外部纤维承受的张力大，内部纤维承受的张力小，因而内部纤维的捻度较小，形成纱线的薄弱点，纺纱过程中大部分的断头发生在纺纱三角区内。捻度加大的纱线的纺纱三角区更小。

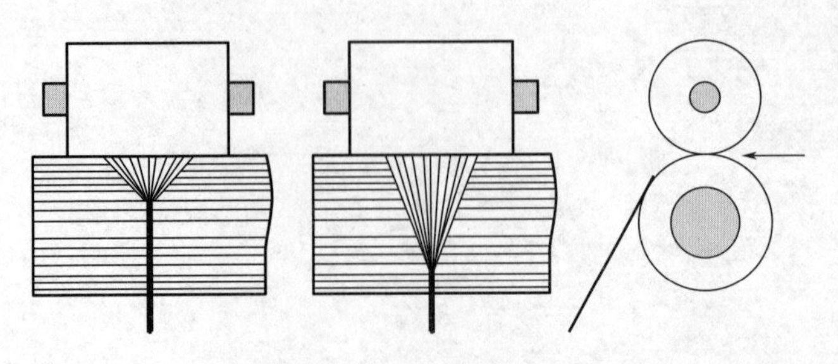

图 12-2　纺纱三角区

在过去的三四十年间，技术人员致力于环锭纺的改进，以更好地控制前罗拉处纺纱三角区内纤维的运动，并降低环锭纺中纱线承受的张力。环锭纺的变化纺纱技术主要包括：瘪缩气圈纺、紧密纺、包芯纺、赛络纺、索罗纺、扭妥纺、偏芯纺等。

二、瘪缩气圈纺

瘪缩气圈纺最早是用于粗纺系统的，技术人员对其进行改进后也可应用于精纺系统中。通过将纱线绕过位于锭子顶部的小装置来减小或消除纱线的气圈，如图 12-3 所示，从前罗拉输出的纱线在这个略微弯曲的小装置上缠绕 1~2 圈，然后通过钢丝圈，再卷绕至筒管上。

图 12-3　瘪缩气圈纺

纱线气圈的减小或消除可以显著降低纱线所受的张力，在线张力测试结果显示，加装这个小装置后可以使张力降低 10%~20%。纱线张力降低后的优势为：锭子的速度可以提高，从而使产量增加；纱线的捻度可以降低，从而使产量增加；可纺细度更细的纱线；可以用相对较粗的羊毛纺细度较细的纱线，降低高支纱的纺纱成本。

瘪缩气圈纺中在锭子顶部加装小装置的缺点是：纺纱过程中，纱线与小装置之间的摩擦会使纱线表面的毛羽增加。

目前，生产瘪缩气圈纺纱机的企业主要有青泽、芬兰的科涅纺织机械公司。

三、紧密纺

1. 紧密纺的原理

紧密纺又称集聚纺、压缩空气纺，是在环锭细纱机的前罗拉处加装一个集聚区域，在这个区域中采用气流或机械装置产生凝聚作用，在凝聚力的作用下，须条的宽度减小，原有的纺纱三角区减小或基本消除，从而使所有纤维被紧密地凝聚加捻到纱体中，大大减少了成纱的毛羽，并提高了纱线的强度和均匀度。如图 12-4 所示，在标准的环锭纺中，从前罗拉输出的纤维须条的宽度很宽，加捻时这些纤维无法全部被加捻到纱体中间；而紧密纺中纺纱三角区的长度和宽度都有所减小，这可以改善对纤维头端的控制，使更多的纤维被加捻到纱体中间，从而减少纱线表面的毛羽。

紧密纺的纱线强力更高且更均匀，因此其纺纱速度可以提高，从而降低纺纱成本。目前紧密纺系统是很受欢迎的，紧密纺纱线广泛应用于生产较细的毛精纺机织用纱和针织用纱、中等细度的针织用纱，有助于减少织物的起球、改善织物的外观。

2. 紧密纺纱机

用于短纤维（如棉）纺纱的紧密纺纱机的种类很多，适用于毛精纺系统的紧密纺纱机主要有以下三种。

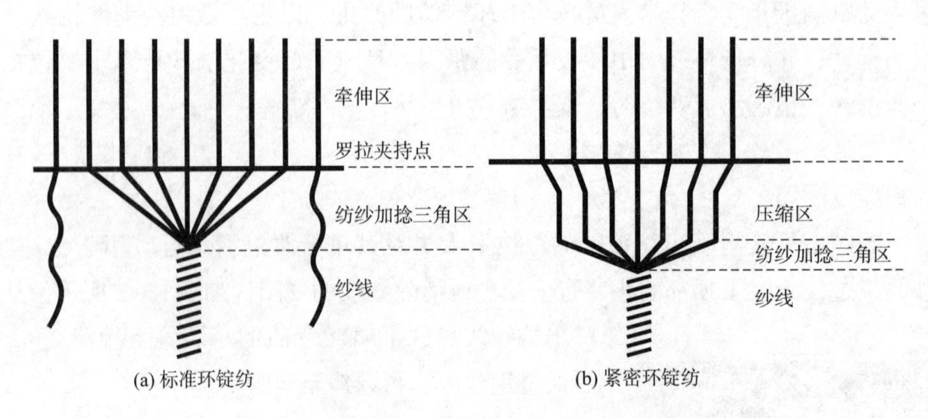

图 12-4 环锭纺与紧密纺

（1）网格圈式紧密纺纱机：压缩空气通过一个网格多孔胶圈（图 12-5）来使纤维凝聚，这个胶圈可以在纤维束的上方或下方。

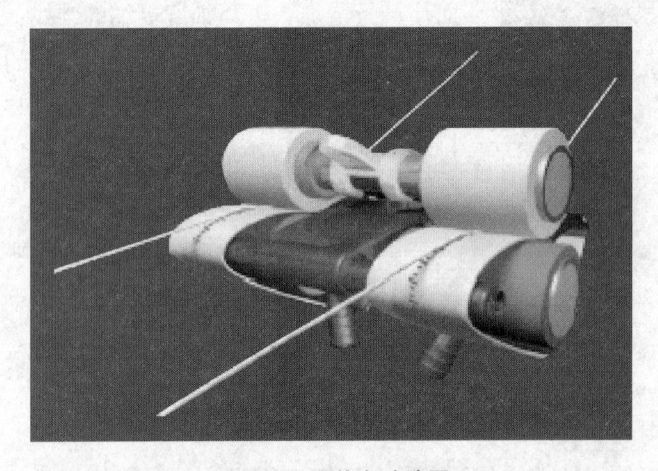

图 12-5 网格多孔胶圈

（2）前罗拉采用更大的空心网眼罗拉：将标准环锭纺纱机中的前罗拉改为直径更大的钢质空心网眼罗拉，内有圆形截面吸聚管与吸风风机等用于凝聚纤维。

（3）一个透气的网状胶圈系统：透气性的网状胶圈在一个椭圆形的吸风管上运行，吸风管上有一个或多个狭槽，这些狭槽既可以平行于纤维流，也可以与纤维流产生一个小角度的偏移，以加强纤维的凝聚。

此外，除了紧密纺纱机外，还可以通过在前罗拉前方加装其他装置以控制纺纱三角区，如图 12-6 所示。

四、包芯纺

包芯纱是将长丝置于短纤维的中心、短纤维缠绕在长丝表面所形成的纱线。该长丝可以是合成纤维（如聚酯纤维、尼龙或弹性纤维）的单丝或复丝。长丝不经过牵伸罗拉直接喂入

图 12-6　其他控制纺纱三角区的方法

前罗拉钳口，在此处与短纤维汇合，长丝喂入过程中，需要导纱器和张力装置对其进行排列和控制，如图 12-7、图 12-8 所示。

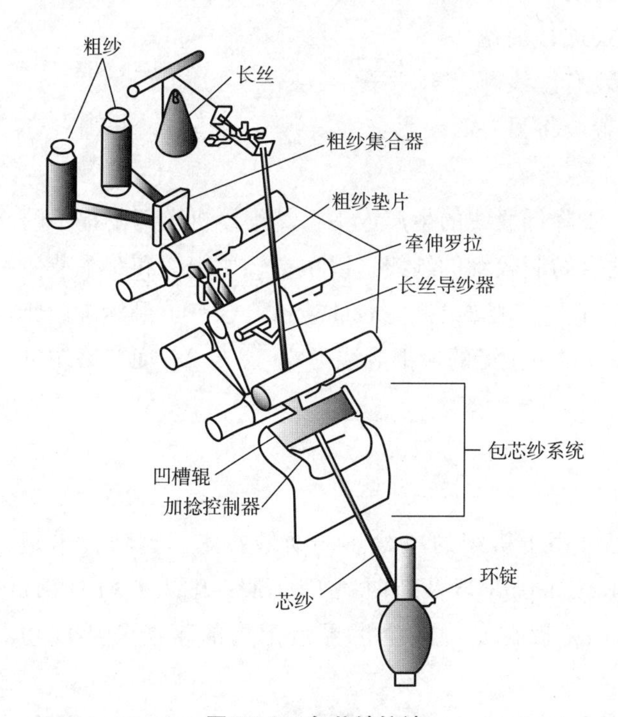

图 12-7　包芯纱纺纱

图 12-8　包芯纱的在细纱机上的生产

包芯纱纺纱过程中容易出现的问题是，位于纱芯的长丝断裂后，细纱机没有及时停车而造成某一部分纱线缺少纱芯或者纱芯长丝外露，这将对后续的络筒、机织和针织工序造成不良影响，而且在毛精纺系统中一旦出现这种问题，很难进行修复，所以在络筒工序中需要设置清纱工艺参数，使络筒机能将缺少纱芯或者缺少短纤的细节纱检测出来并切除。

包芯纱可应用于混纺针织物和羊毛弹性织物的生产，生产弹性织物所用的长丝一般是氨纶。

五、赛络纺

如果传统的单纱无法承受机织过程中的剧烈摩擦，则需要使用股线，传统的做法是将两根环锭纺的单纱经并合和加捻后形成股线。将两根单纱合股加捻的过程中，单纱表面的纤维可以被加捻至股线中间，从而使股线更加光滑和耐磨。股线生产过程中需要细纱、蒸纱、络筒、清纱、并合、加捻多道工序，这会大大增加股线的生产成本。赛络纺系统可以将细纱、并合、加捻工序合成一道工序，在赛络纺细纱机上可以直接生产股线，如图 12-9 所示。两根粗纱分别经过牵伸后，在前罗拉处汇合并被卷绕至同一个锭子上。赛络纺加工中先利用力矩或摩擦力将两根牵伸后的粗纱结合至一起，然后以标准环锭纺中的加捻方式进行加捻形成双股线结构。在赛络纺细纱机上，安装有纱线断裂检测器，当其中一股须条断裂后，该装置会将另一股须条拉出并打断，使细纱机停止工作。

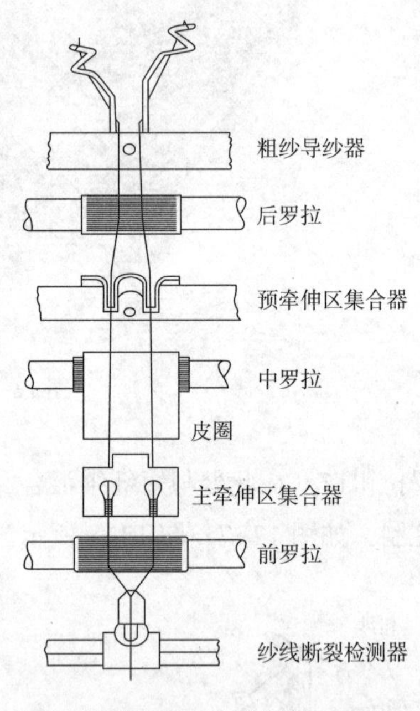

图 12-9 赛络纺

赛络纺系统主要有以下两方面的优点：①降低股线的生产成本；②细纱机上每个锭子的生产效率是原来的两倍。赛络纺系统特别适合纺制较细的纱线，以生产轻质织物和跨季节使用的“凉爽羊毛”织物，羊毛标志公司推广了“凉爽羊毛”（cool wool）这一羊毛标志。使用直径为 20μm 的羊毛纤维，标准的环锭细纱机可生产的最细股线为 60 公支/2，而赛络纺可生产的最细股线为 72 公支/2。

六、索罗纺

索罗纺是一种可以用一根粗纱纺出“可用于机织的单纱”的纺纱技术，这项技术是 CSIRO 纺织与纤维技术公司、The Woolmark Company 以及新西兰羊毛研究组织（WRONZ）共同开发的成果，于 1998 年投入商业生产，现在已经在全世界范围内的精纺工厂成功运作。

索罗纺技术比较简单且成本低，在标准的毛精纺环锭细纱机上加装一个特殊的装置即可，如图 12-10 所示。该装置由支撑摩擦垫的支架和一对索罗纺罗拉组成，将支架安装在环锭细纱机的每对前上牵伸罗拉的轴上，使得索罗纺罗拉刚好位于其对应的前上牵伸罗拉的下方，并与之平行但不接触，通过底部的前牵伸罗拉带动而转动，如图 12-11 所示。

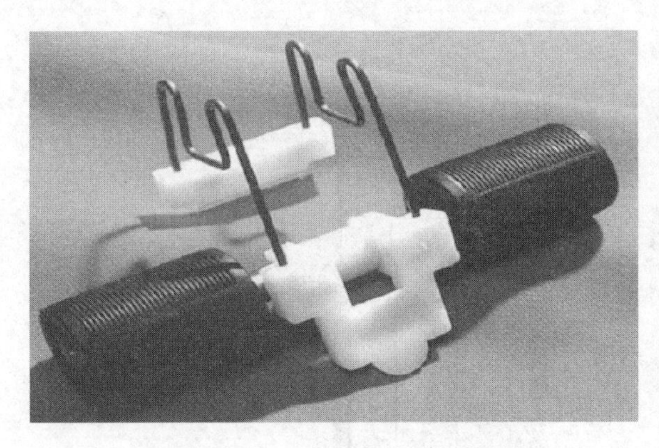

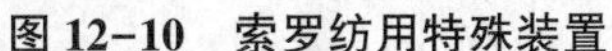

图 12-10　索罗纺用特殊装置

图 12-11　索罗纺纱

图 12-12　索罗纺用的罗拉

索罗纺在应用和原理上都与紧密纺不同。索罗纺通过局部捻合和纤维迁移来生产可直接用于机织的纱线，而紧密纺纱线仍然需要合股加捻或上浆后才能作为机织用经纱。索罗纺纱线所需要的捻度较少，因而纺纱速度可以更快，而且纺纱性能更好，所以其生产的纱线性能比用标准环锭纺单纱生产的股线性能更好。综上所述，索罗纺可以显著提高纱线生产效率、降低生产成本。

索罗纺用的罗拉表面有很多凹槽，经过牵伸后的须条从前罗拉钳口输出后，会被罗拉分割成若干股纤维束，如图 12-12 所示，这些纤维束通过罗拉表面的间歇性阻捻作用，以不同的角度和速率聚合在一起，形成具有局部不同捻度的精细缠结结构。

七、扭妥纺

扭妥纺是一种物理生产方法，可以生产具有平衡扭矩的环锭纺单纱。该纺纱系统是香港理工大学开发的，生产的单纱可以直接用于机织生产。

如图 12-13 所示，扭妥纺是在环锭细纱机的基础上改进的，在牵伸区前罗拉与位于锭子上方的导纱器之间安装了一个假捻器，从而可以有效控制纺纱三角区内的纤维，减少纺纱断头。扭妥纺生产的纱线强力高、毛羽少，因此可以纺制捻度较低的针织纱线（手感柔软），也可以减少最终针织产品的起球。扭妥纺的纺纱系统应用于某些棉纺厂中，但还没有广泛应用于毛纺系统中。

八、偏芯纺

在标准的环锭纺纱中，从牵伸区中输出的须条喂入其正下方的钢丝圈和锭子上，如图 12-14（a）所示，所形成的纺纱三角区左右几乎是对称的，如图 12-15（a）所示。而

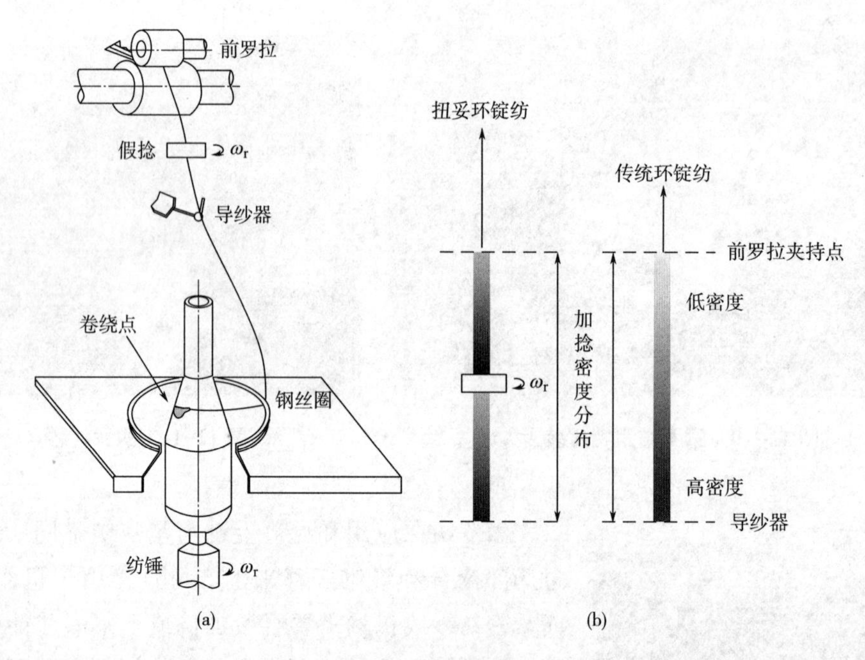

图 12-13 扭妥纺

在偏芯纺纱中，从牵伸区输出的须条喂入其相邻的锭子上，如图 12-14（b）所示，所形成的纺纱三角区发生了改变，如图 12-15（b）所示，纱线的性能也发生了改变，强力高、毛羽少。

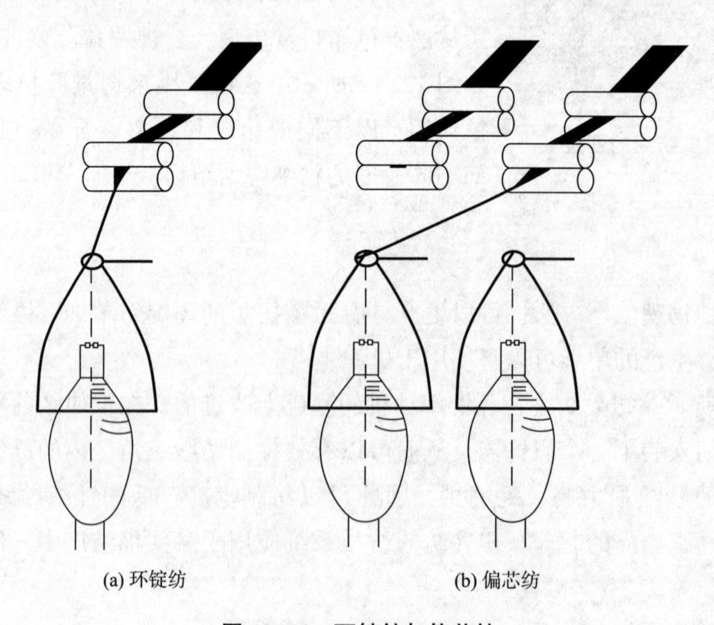

图 12-14 环锭纺与偏芯纺

偏芯纺纱线毛羽的减少是由于纺纱三角区的一侧比另一侧受到的张力更大，从而使外层纤维被束缚至纱线内部。纱线性能变化的程度取决于偏移的方向和捻向。

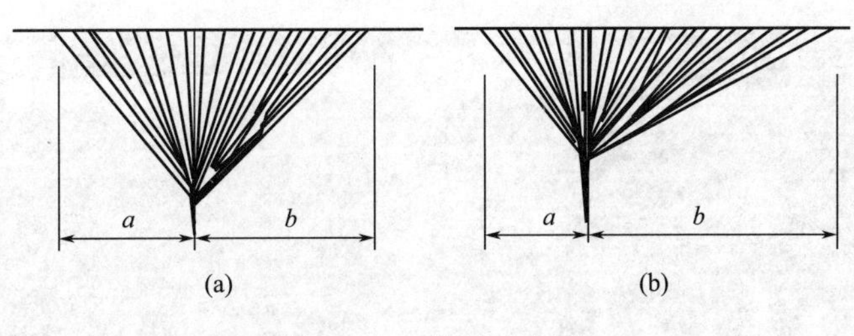

图 12-15　纺纱三角区

偏芯纺中纤维发生了偏移，改变了纺纱三角区的形状，但是纱线仍然是被直接卷绕至锭子上，基本原理与环锭纺类似。偏移方向对纱线性能的影响见表 12-1。

表 12-1　偏移方向对纱线性能的影响

项目	3~9mm 毛羽指数	强度/(cN·tex^{-1})	强度 CV/%	伸长率/%	伸长率 CV/%	条干 CV/%
无偏移	121.1	18.0	5.0	7.3	4.5	9.89
右偏移 6mm	101.1	17.3	4.9	7.2	4.0	10.26
右偏移 12mm	69.5	17.8	4.2	7.4	3.2	10.15
右偏移 18mm	73.3	18.0	3.9	7.4	3.2	10.15
左偏移 6mm	127.5	16.9	4.6	7.1	4.1	9.37
左偏移 12mm	173.2	17.5	3.2	7.3	3.4	10.03
左偏移 18mm	171.0	17.4	3.4	7.2	4.1	10.17

第二节　环锭纺的替代

除了环锭纺之外，还有很多其他的纺纱方式可以用于毛精纺系统中，如走锭纺、自捻纺、包缠纺、转杯纺、涡流纺、摩擦纺等，这些纺纱方式可以用于生产毛精纺纱线，但是并没有广泛的商业应用。

一、走锭纺

走锭纺是一种非常古老的纺纱方式，发明于 1885 年，是最早代替手工纺纱的机器纺纱。粗纱放置在粗纱架上，锭子放置在锭车上，锭车相对粗纱架作往返运动，如图 12-16 所示。当锭车移动至最外侧时，距离粗纱架的距离约为 1.5m，此时随着锭子的旋转对粗纱同时进行牵伸和加捻。粗纱从粗纱架上退绕下来后，由给条罗拉送出牵伸区所需要的粗纱量。加捻完成后，锭车开始返程向内侧移动至其初始位置，并将新形成的纱线卷绕至锭子上。

目前，走锭纺仅应用于短纤维纺纱和毛粗纺系统中，没有应用于毛精纺系统中，因为走锭纺的自动化程度低、生产效率低。

图 12-16　走锭纺

二、自捻纺

1. 自捻纺的工艺过程

自捻纺的纺纱系统是1971年由CSIRO开发的，如图12-17所示。自捻纺纱是将两根须条两端握持、中间加捻，形成两根具有S捻、Z捻交替的假捻单纱，再将两根纱条平行紧靠在一起，依靠两纱条的抗扭力矩自行捻合成具有自捻捻度的双股自捻纱。

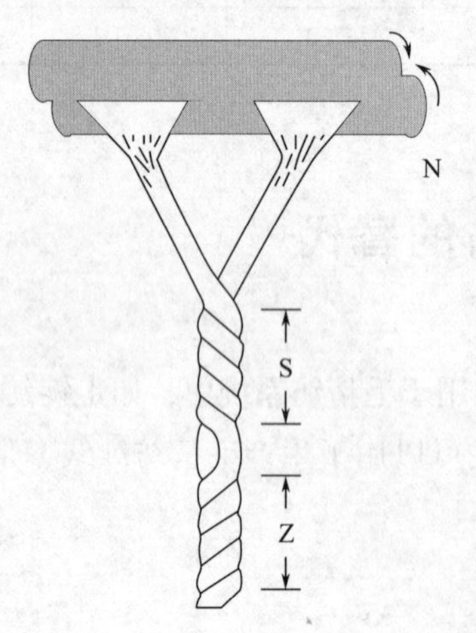

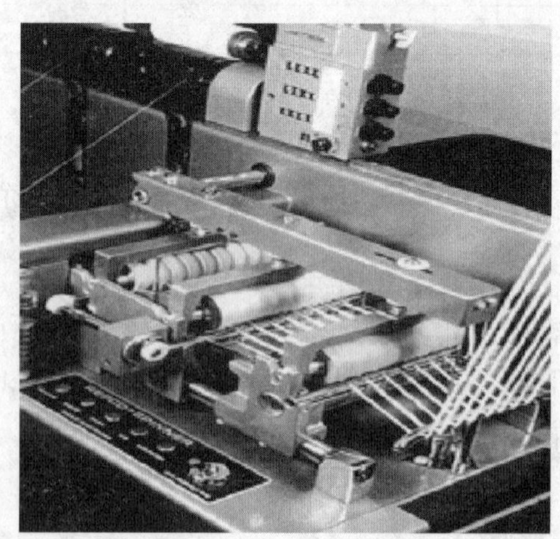

图 12-17　自捻纺

自捻纺纱机利用一对搓捻辊对纱条进行加捻，搓捻辊除回转运动外，还作快速的轴向往复运动，搓转纱条，使搓捻辊前后的纱条获得方向相反的捻回。搓捻之后的两根纤维须条在导纱钩处汇合，然后依靠各自的退捻扭矩产生自捻作用而相互捻合形成稳定的双股线。两根纤维须条捻合在一起时，为了避免捻度相同、捻向相反区域的重叠，应该使具有这样区域的各片段相互错开一段距离，这样可以消除成纱的薄弱环节，提高自捻纱的质量和可纺性。

2. 自捻纱的应用

自捻纱适合用作针织纱。羊毛纤维制成的自捻纱，如果需要用于机织生产，还需要进行进一步加捻。

自捻纱的生产速度可达200m/min，因此一台具有4个锭子的自捻纺纱机的生产速度相当于一台具有50个锭子的环锭纺纱机的生产速度，从而大大地节约了占地空间和能量消耗。最近英国的马卡特纺纱公司将自捻纺纱技术应用到他们的针织纱生产系统中。该系统用条子生产自捻纱，并对自捻纱进行蒸汽松弛以使纱线更加蓬松，然后再卷绕至筒子上，该公司声称生产速度可高达400m/min。

自捻纱上捻度的变化会使其制成的机织物表面外观不规则，因而限制了自捻纱的应用范围。

3. SAURER WINPRO XT-4

瑞士SAURER公司开发的WINPRO XT-4纺纱系统与自捻纺类似，可以生产两股和四股的股线，如图12-18所示。该公司声称WINPRO纺纱系统具有如下特点：①可纺细度为3~120公支的纱线；②速度可高达250m/min；③生产成本可降低50%；④产品的灵活性更高；⑤可减少80%的浪费；⑥纱线卷装更大、纱线上接头更少。与自捻纱类似，该系统所生产的纱线适合用于针织和机织生产，而且纱线上相互交替的捻度会影响织物的外观。

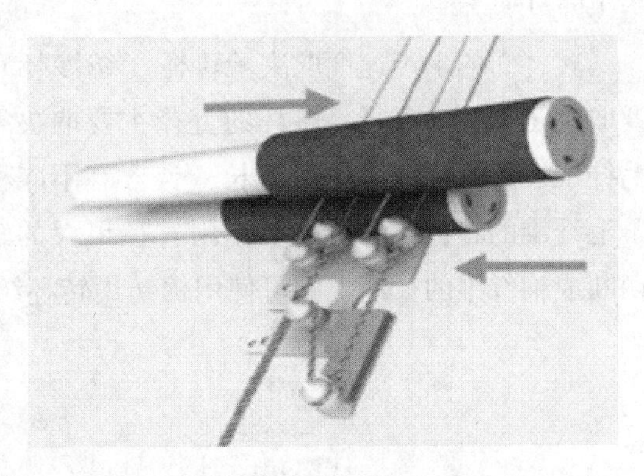

图12-18　WINPRO XT-4纺纱系统

三、包缠纺

包缠纺是长丝包缠着短纤维束，短纤维束可以是加捻的，也可以是未加捻的，如图12-19所示。

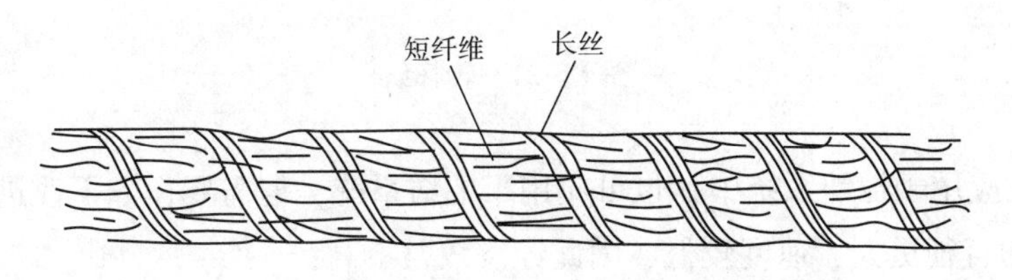

图12-19　包缠纺纱线结构

包缠纺技术在20世纪70年代很受欢迎，但是现在的应用较少。一般包缠纺生产时，需要使用花式捻线装置，如图12-20所示。现在也常用赛络菲尔纺纱系统生产包缠纱，赛络菲尔纺是在赛络纺的基础上发展而来的，赛络纺中喂入的是两根羊毛粗纱，赛络菲尔纺中喂入一根羊毛粗纱和一根长丝（单丝或复丝），长丝通过一个特殊的喂入装置在前罗拉处喂入，并与正常牵伸的羊毛须条保持一定的间距（约 15mm），羊毛和长丝在前罗拉钳口下游汇合加捻成纱，形成长丝包缠在羊毛纤维外侧的纱线结构。

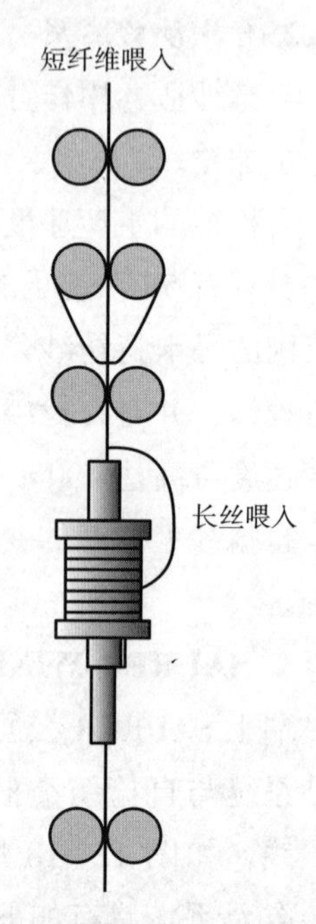

图 12-20 包缠纺

四、转杯纺

转杯纺最早是为短纤维纺纱（如棉纺）开发的，但是目前其在纱线生产中已占有非常大的市场份额。

转杯纺可以将条子直接纺制成纱线。条子喂入开松罗拉，该罗拉表面包有金属条，将条子分梳成单纤维，然后在气流的引导下，分梳后的单纤维经梳棉通道被吸入高速旋转的转杯中加捻成纱，如图 12-21 所示。

转杯纺的生产速度取决于转杯（纺纱杯）的速度，而转杯的速度取决于转杯的直径，转杯的直径主要取决于纤维的长度，因为羊毛纤维一般比棉纤维更粗更长，且含有不同程度的卷曲，所以加工羊毛纤维的转杯纺纱机需要使用直径更大的转杯，或者将羊毛纤维切断成棉纤维的长度，则可使用棉纺用转杯纺纱机。

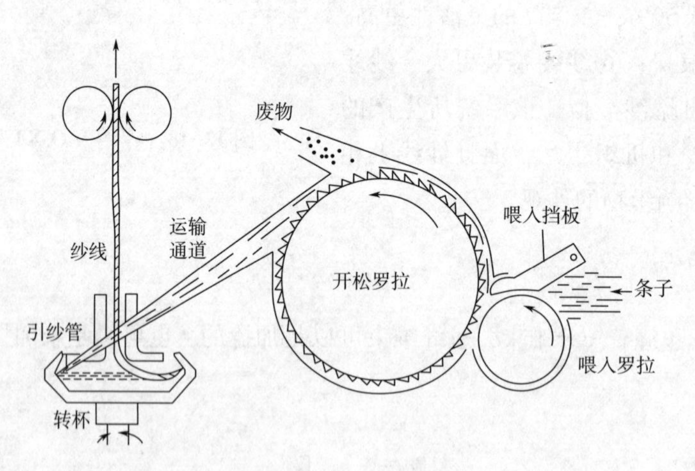

图 12-21 转杯纺

转杯纺广泛应用于棉纺系统中，也可应用于毛纺系统，但需要作如下改进：

（1）转杯的直径更大，速度较低，因此经济效益不高；

（2）转杯纺的纱线结构与环锭纺不同，其纱线截面内所需的纤维根数更多，最少 150~200 根，而环锭纺纱线截面内的纤维根数最少可为 35~40 根；

（3）与棉相比，羊毛的纤维直径较大且卷曲度较高，因此在转杯槽内压缩足够的纤维数以生产均匀的纱线时就比较困难；

（4）在某种程度上，使用短的（32~45mm）细的（19.5~21.5μm）羊羔毛可以克服以上问题，可以使用更小直径的转杯，通常是 46mm，提供更高的产量。

（5）毛纺用转杯纺纱的生产速度不如棉纺的，纺羊毛时转杯的转速最高 60000r/min，而纺棉时最高可达 150000r/min（转杯的直径为 28mm）。

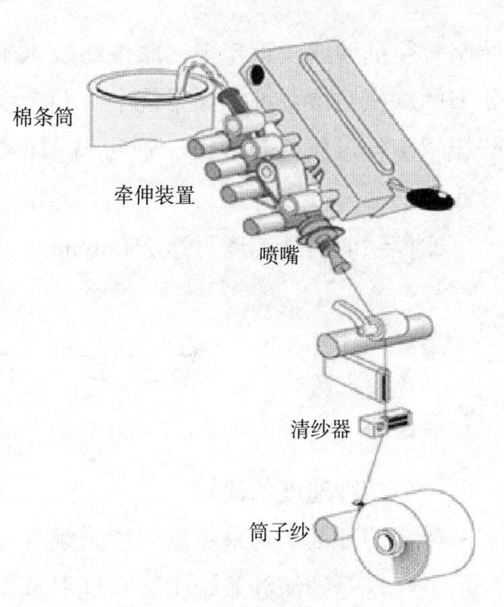

图 12-22　喷气涡流纺

五、喷气涡流纺

日本村田公司的喷气涡流纺系统目前已经开发了第三代，该系统利用喷嘴产生的高速旋转气流对纱条牵伸并加捻成纱，如图 12-22 所示。村田公司声称喷气涡流纺的纺纱速度可达 500m/min。喷气涡流纺也可用于加工某些种类的羊毛，如用于低等纺织品的中粗羊毛、用于高品质针织物的细羊毛，但是该系统只能用于加工较短的羊毛（如粗纺用羊毛）以及其与其他短纤维的混纺（如羊毛/棉）。

喷气涡流纺系统所纺的纱线结构独特，一部分是无捻或捻度很少的芯纱，另一部分是包缠在芯纱外部的包缠纤维，如图 12-23 所示。这种纱线一般不用于生产服用织物，常用于生产工业用纺织品。

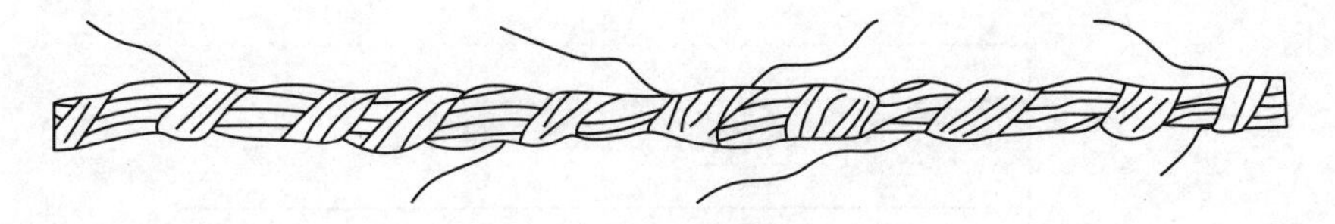
图 12-23　喷气涡流纱结构

六、DREF 摩擦纺

DREF 摩擦纺纱系统是由奥地利费勒尔博士（Dr. Ernst Fehrer）在 1973 年发明的一种新型纺纱。如图 12-24 所示，将条子喂入分梳辊，分梳辊将纤维须条开松梳理成单纤维，分梳后的单纤维向前喂入至一对尘笼上，这对尘笼紧密地平行排列并以相同的方向旋转，尘笼表面有微孔且能产生吸力，从而使纤维被吸附凝聚成带状的纤维须条，尘笼的旋转可赋予纤维须条一定的捻度而形成束状纱线，并卷绕至筒子上。

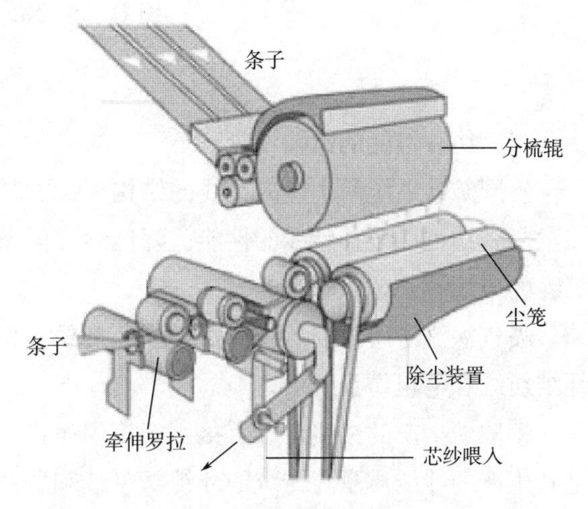

图 12-24　DREF 摩擦纺

摩擦纺纱系统可以加工各种类型的纤维，包括羊毛纤维。最早的摩擦纺技术主要适合纺制较粗的纱线，近年来，摩擦纺技术不断改进，已可以纺制较细的纱线，而且开发了一种新型的摩擦纺纱系统，该系统中有两个纤维喂入机构，一个是罗拉牵伸形成纱芯，另一个是分梳辊牵伸形成外包纤维，通过调整纱芯和外包纤维的种类和比例，可以制成不同性能的纱线。

摩擦纺的纺纱速度可达250m/min，其纺制的较粗纱线可用于生产地毯。

第三节 不同纺纱系统的比较

一、纺纱速度的比较

传统的环锭纺与最新的纺纱系统（主要为短纤维设计的）的纺纱速度的对比如图12-25所示。在这三种纺纱系统中，喷气涡流纺的速度是最快的，也是迄今为止开发的速度最快的短纤维纺纱系统。到目前为止，人们已经开始尝试用喷气涡流纺系统加工羊毛纤维，并做了大量实验，但还没有获得商业推广。

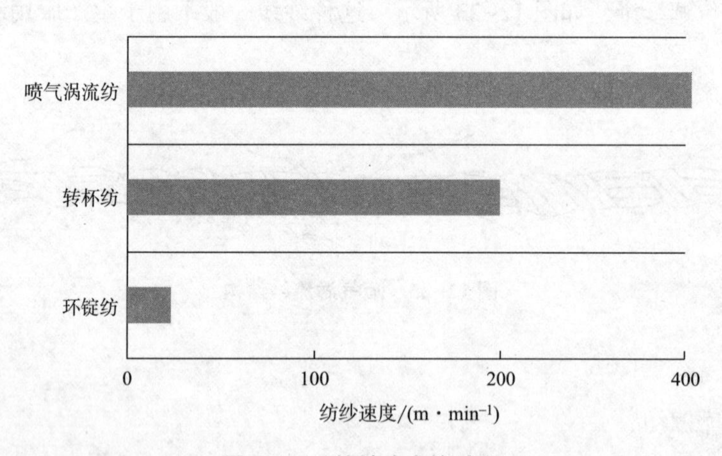

图12-25 纺纱速度的对比

二、纺纱性能的比较

不同纺纱系统所生产的纱线的结构和性能是不同的。

紧密纺可以改善纱线的性能，降低纱线的条干不匀率和毛羽，因此该系统在针织纱和机织纱的应用越来越广泛。

喷气涡流纺所纺的纱线质量不如环锭纺，但是纺纱速度快、成本低，该系统仅应用于短纤维纺纱和毛粗纺系统中。

索罗纺生产的纱线可以直接用于机织生产，从而降低成本。该系统适合加工长羊毛，但是其生产的纱线质量与传统的环锭纺单纱和股线的质量相比，还存在争议，与传统的股线相比，索罗纺纱线所生产的机织物外观较差。

赛络纺生产的纱线结构类似股线，可以降低成本。

与传统的环锭纺单纱和股线相比，这些新型纺纱技术生产的纱线质量仍存在争议，特别是外观要求较高的织物（如华达呢）所用的纱线。

重要知识点总结

1. 毛精纺纱线的生产可以用除环锭纺以外的其他纺纱系统。

2. 环锭纺的变化纺纱技术主要包括：瘪缩气圈纺、紧密纺、包芯纺、赛络纺、索罗纺、偏芯纺等。

3. 环锭纺的替代纺纱技术主要包括：走锭纺、自捻纺、包缠纺、转杯纺、喷气涡流纺、摩擦纺等。

4. 每种纺纱系统的生产成本和所纺纱线的结构及性能都是不同的。

练习

描述可替代环锭纺的纺纱系统的工艺流程及优势。

第十三章　粗纺系统纺纱前的准备

学习目标：

1. 掌握粗纺系统纺纱前准备所需要的工序及每道工序的目的、工艺过程、所用设备。
2. 理解粗纺梳毛工序对毛网和纱线质量的影响。
3. 理解精纺梳毛和粗纺梳毛的不同。
4. 了解粗纺梳毛工序可能产生的问题及解决措施。

粗纺系统是对精纺系统的重要辅助，无法用于精纺加工的羊毛可以通过粗纺系统来实现其利用价值，如腹部毛、板结毛、重复修剪的羊毛、废毛等，如果没有粗纺系统，精纺生产者将存在成本和废物利用率问题。

第一节　粗纺用羊毛

粗纺用羊毛的规格要求比精纺的低很多，而且粗纺可用的羊毛种类和质量差异比精纺多，粗纺用毛一般是多种不同种类的羊毛混合。

纺纱前，对粗纺用羊毛的检测比精纺的少，需要检测的比较重要的性能包括：纤维的平均直径、纤维长度、梳毛后的纤维长度以及束纤维强度，其中纤维直径和长度是比较重要的，粗纺用羊毛的纤维长度差异性比精纺的大。

第二节　炭化

粗纺系统使用的羊毛中所含的植物性杂质比精纺的多得多，当纤维中的植物性杂质含量超过羊毛纤维重量的2%时，需要在洗毛之后再进行炭化。

洗毛和梳毛工序可以去除部分植物性杂质，但是粗纺系统中不包含精梳工序，所以除非经过炭化，否则大量植物性杂质还是会保留在纱线中成为纱疵。

从羊的下身和腿周围剪下来的羊毛通常含有大量的植物性杂质，以毛刺、种子和草居多，一般是在羊吃草的时候混入羊毛中的，想要在后续的加工过程中生产出高质量的纱线，这些植物性杂质需要被去除。

炭化是一个连续的化学过程，一般是用酸去除植物性杂质（主要成分是纤维素）。最常使用的方式是对洗净的散羊毛进行炭化，也可以在后整理过程中对织物进行炭化。粗纺系统中普遍使用炭化羊毛，某些相对清洁的粗纺羊毛（如精梳落毛）可以不经过炭化，但是需要经过洗毛、开毛、混毛、梳毛。

一、炭化的工艺过程

典型的炭化生产线包括以下步骤。

（1）浸酸：将从洗毛生产线中的漂洗槽输出的湿态的洗净毛输送至浸酸槽中，浸酸槽很大，其中含有浓度为6%~7%的硫酸溶液、1~2g/L的非离子润湿剂，润湿剂有助于酸液向草杂中的渗透，并可以保护羊毛纤维的性能。

（2）轧酸：从浸酸槽出来的羊毛通过一对挤压辊或连续的离心力作用，以去除多余的水分和酸液，然后进入烘干机。

（3）烘干：羊毛通过烘干机中的热烘箱将含水量降至约10%，烘干的温度为60~80℃。

（4）烘焙炭化：羊毛再通过一个烘干机在较高的温度下（95~120℃）进行烘焙炭化，在这一阶段，羊毛中的绝大部分水分被去除，残留在羊毛纤维上的水分和硫酸会与草杂及羊毛发生化学反应，使草杂脱水变为焦脆易碎的炭状物。脱水是炭化工序中最主要的部分。

（5）压炭：羊毛通过一系列带有金属凹槽的挤压辊，将炭化后的草杂压碎成灰尘。

（6）除尘：羊毛通过一个旋转的振动器，即除尘装置，在机械作用下，烧焦的植物性灰尘从羊毛中分离出来。

（7）洗涤与中和：羊毛通过温和的碱性溶液（如碳酸钠）处理以中和多余的酸液，然后进行漂洗和挤压。

（8）再次烘干：中和后的羊毛需要再次烘干，烘干后羊毛中的含水量需要满足后道工序加工的要求，而且水分在羊毛纤维集合体中的分布应该均匀。

二、炭化工序的问题

炭化工序存在的缺点如下。

（1）生产效率相对较低：每小时仅可处理300~600kg羊毛，而且使用的专用设备成本高，设备的操作成本也很高。

（2）炭化过程的各个方面在技术上都很难控制：酸含量、水分含量、烘干和烘焙的温度等发生微小变化，都会导致纤维的拉伸性能严重下降，从而影响纱线和织物的性能。炭化后，羊毛纤维拉伸强度的损失为15%~60%，这取决于羊毛的性质和羊毛中植物性杂质的含量。

（3）洗涤、漂洗和中和过程中用水量很高，而且炭化所产生的废水处理成本很高。

炭化工序一般是在专业的炭化厂进行的。如用于生产高质量粗纺针织物的高质量粗纺羊毛，炭化工序后还需要人工检验，人工检验的目的如下：①去除严重沾污（或泛黄）的片毛，这是很重要的，当羊毛被染成浅色时，有颜色的纤维会在最终产品上显现出来而影响产品的外观；②去除难以炭化的植物性杂质；③去除不是羊毛的其他污染物。人工检验需要大量的劳动力，而且成本较高，所以质量较差的粗纺羊毛炭化后不需要此步骤。

第三节 开毛与混毛

一、开毛

炭化后的羊毛纤维被喂入开毛机，开毛机可以对缠结在一起的羊毛团进行开松，为梳毛做准备，并且进行一定程度的混合，开毛机中可以将其他的短羊毛（如精梳落毛、切断毛条等）与炭化羊毛进行混合。开毛机的种类很多，在此前的洗毛课程中有详细的讲解，需要注意的是洗毛之前和洗毛之后都需要进行开毛，开松效果一般是通过打击作用获得的。

二、混毛

开毛过程中以及梳毛之前需要进行混毛。混毛时，可以添加拉断的精梳毛条（一般是与羊羔毛混合），拉断毛条中的羊毛纤维经过了精纺梳毛和精梳，因此其中含有的植物性杂质很少，而且长度相对均匀，过短或过长纤维含量较少，但是价格昂贵。

第四节 散纤维染色

粗纺系统广泛使用散纤维染色，在混毛之前对散羊毛进行染色。

一、散纤维染色的优点

（1）可以获得比较均匀的颜色，即使是染色不均匀也可以通过后续的混合工序（如混毛、梳毛）得以弥补。

（2）可获得较高的湿牢度。

（3）可以通过使用不同色调和深度的纤维纺成“段彩夹花”粗纺毛纱。

（4）染色成本较低。

（5）当采用不同纤维品种混纺时，对于不同的品种纤维需要选用不同种类的染料和染色方法，而且需要注意不同种类染料之间的相互沾污。

二、散纤维染色存在的缺点

（1）经过染色的羊毛纤维的强力比未染色羊毛的强力要低，因此会降低梳毛和纺纱等工序的效率。

（2）由于羊毛纤维在染色后还可能经过洗呢、缩呢、煮呢等工序，因此需要选择湿牢度较好的染料。

（3）在后续加工中发生颜色沾污的风险比其他染色方式高。

（4）为满足具体订单所需要的纤维量，一般需要比正常所需的纤维量要稍多，以允许后续加工产生的浪费，而且已经染色的羊毛纤维如果不能被重复利用，其价值较低，因此散纤维染色的成本较高。

第五节　粗纺梳毛

粗纺系统中，羊毛经过洗毛、炭化、染色之后还需要经过梳毛工序，梳毛在粗纺系统中是很重要的一道工序，能够将羊毛直接加工成粗纱，如图13-1所示，以供细纱机使用。粗纺梳毛工序的主要目的是对羊毛团进行反复多次的梳理，使其呈单纤维状，然后将纤维制成均匀的毛网，再将毛网分割制成小毛带，对小毛带进行搓捻，制成光、圆、紧的粗纱，供细纱机使用。

图13-1　粗纺粗纱

一、粗纺梳毛的任务

洗毛工序的目的之一是尽可能减少纤维缠结，但是洗毛过程中不可避免会发生纤维缠结，而且后续的炭化和染色工序会使缠结更多、更紧，所以粗纺系统中羊毛缠结的程度比精纺系统中使用的洗净毛的缠结程度更大，因此粗纺梳毛机是一台很长的设备，其中所包含的开松点比精纺梳毛机的更多。

粗纺梳毛的任务包括：①将缠结在一起的纤维团分离成单纤维；②对纤维进行排列，增加其平行度；③进一步对纤维进行混合；④去除植物性杂质；⑤使纤维沿着梳毛机前进方向排列得更加整齐，以助于后续细纱工序的牵伸；⑥形成均匀的毛网；⑦将毛网分割成比较窄的小毛带，小毛带的宽度取决于所纺纱线的细度；⑧对小毛带进行加固，赋予其一定的强力，形成粗纺用的粗纱。

与精纺梳毛相比，粗纺梳毛的特点为：①粗纺梳毛机比精纺梳毛机更长，可以进行更多的开松和混合；②生产的毛网比精纺的更加均匀，不管是横向还是纵向；③将毛网分割形成多根粗纱，而精纺中只形成1根粗纱。

二、粗纺的和毛加油

和毛加油是粗纺系统中非常重要的一个过程，所加的油一般是混合的润滑剂。

1. 和毛加油的目的

与精纺梳毛一样，粗纺梳毛机中纤维与针布之间的摩擦力也必须严格进行控制。一般，洗净毛中残留的羊毛脂含量为0.3%~0.5%，这对粗纺加工是有利的，因为羊毛脂本身是一种有效的润滑剂。粗纺梳毛所需要的润滑剂比精纺梳毛多得多，这些润滑剂可以减少静电从而保护羊毛的长度不受损伤，也可以使输出的小毛带更加紧密。粗纺梳毛所需要的润滑剂含量取决于混纺羊毛的组分，大概为 4%~10%，羊羔毛一般为 4%~5%，而粗壮羊毛则需要 8%~10%。在粗纺梳毛过程中，添加高质量的润滑剂可以尽可能减少短纤维的含量，从而减少梳毛工序的落毛。

和毛油（润滑剂）一般是在混毛过程中被添加至洗净毛中，以降低纤维与金属之间的摩擦以及后续加工过程中产生的静电，还可以增加纤维与纤维之间的抱合，以减少梳毛过程中的落毛，并且有助于割条过程中毛网的分离。添加和毛油还有以下优点：减少纤维的断裂、增加产量、改善粗纱和细纱的重量均匀性、改善在水中的溶解度以在染色和整理工序中有更好的相容性。

2. 和毛加油的工艺过程

当加工批次中所需要的纤维量较少时，可以采用手动加油，当加工批次中所需要的纤维量较大时，一般在混毛机中在线加油，如图 13-2 所示。

图 13-2　在线加油

加油时油水比是很重要的，因此掌握喂入羊毛中的水分含量也是很重要的。许多现代润滑剂具有良好的迁移性能，但为了避免润滑剂分布的长期变化，应用的准确性仍然至关重要。在混毛过程中，应尽可能晚地使用润滑剂（用量最多为 10%，因为此时纤维的开松性较好，可使润滑剂的分布更加均匀）。混合加油后的材料在梳毛之前需要静置至少 24h，以确保有足够的时间使润滑剂渗透入纤维中。可使用的润滑剂种类与精纺系统中所用的类似，主要包括混合脂肪类油剂、植物性油剂、乳化的矿物油剂、合成润滑剂等。

三、粗纺梳毛机概述

粗纺梳毛机的外观如图 13-3 所示，包含的部分比精纺梳毛机多。粗纺梳毛机的最后一部分所使用的针布是弹性针布，而精纺梳毛机上普遍采用刚性金属针布，粗纺梳毛机中所形成的毛网的纵向和横向都必须更加均匀，以确保粗纺细纱的均匀性。

粗纺梳毛机的组成如图 13-4 所示，粗纺梳毛机由一系列水平排列的旋转的辊筒组成，辊筒表面配置有不同种类的针齿。

与精纺梳毛机类似，相邻辊筒的旋转方向有的是同向的，有的是不同向的；相邻辊筒的表面线速度有的相同，有的不同；有些辊筒的大小是相同的，有些是不同的；有些辊筒上针齿的密度、长度、排列是相同的，有些是不同的。这些不同的配置可以使梳毛机对羊毛纤维施加不同的机械运动，这些机械运动的目的如下。

（1）分梳作用：对羊毛纤维进行梳理，使缠结在一起的纤维团分散开，从而有助于纤维的排列，并去除杂质和短纤维，同时还可实现纤维的混合。

图 13-3　粗纺梳毛机的外观

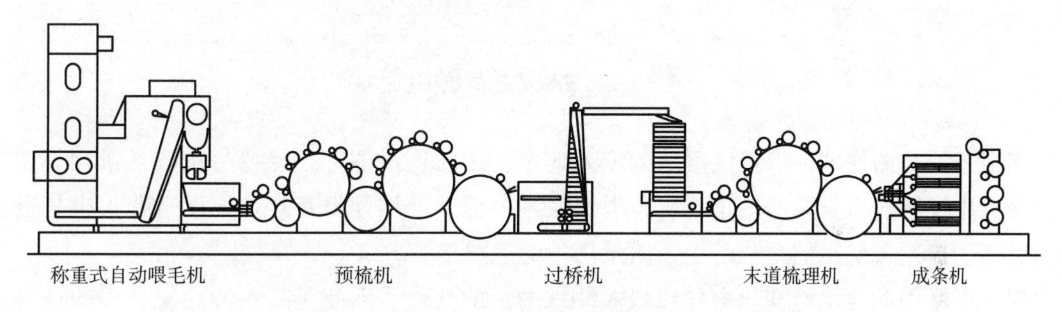

图 13-4　粗纺梳毛机的组成

（2）剥取作用：协助分梳作用，实现进一步混合和除杂。

（3）成网：形成质量均匀的毛网。

（4）混合作用：除相邻辊筒上针齿之间的相互作用可产生混合作用外，粗纺梳毛机上的成条机可以产生进一步的混合作用，增加毛网横向和纵向的均匀程度。

最后由割条机构将毛网分割成一系列窄的小毛带，并通过搓捻机构使小毛带中的纤维更加紧密，最终形成可供细纱机使用的粗纱。粗纺梳毛机中的分梳和剥取作用与精纺梳毛机中的相同，主要发生在锡林、工作辊、剥毛辊之间。

四、粗纺梳毛机的组成及工艺过程

粗纺梳毛机主要由自动喂毛机、预梳机、过桥机、末道梳理机、成条机五部分组成，其中过桥机和预梳机的数量可以是不同的，如图 13-5、图 13-6 所示。图 13-5 为二联式梳毛机，其中含有一个过桥机，图 13-6 为三联式梳毛机，其中含有两个过桥机。

1. 称重式自动喂毛机

羊毛一般是通过称重式自动喂毛机喂入粗纺梳毛机中的，因为喂入混料的重量变化会直接导致所纺纱线细度的变化，所以现代粗纺梳毛机中都使用计量准确的喂入系统，有的梳毛机还使用二次校正系统，如 Servolap 对喂入梳毛机内的纤维层进行核测量或 X 射线测量，然

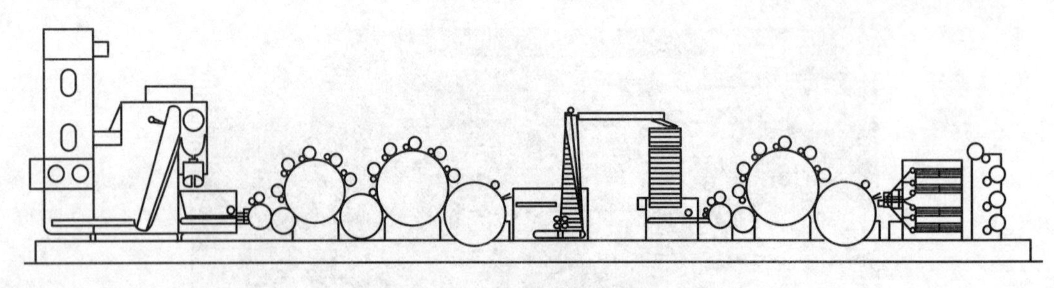

图 13-5　二联式粗纺梳毛机

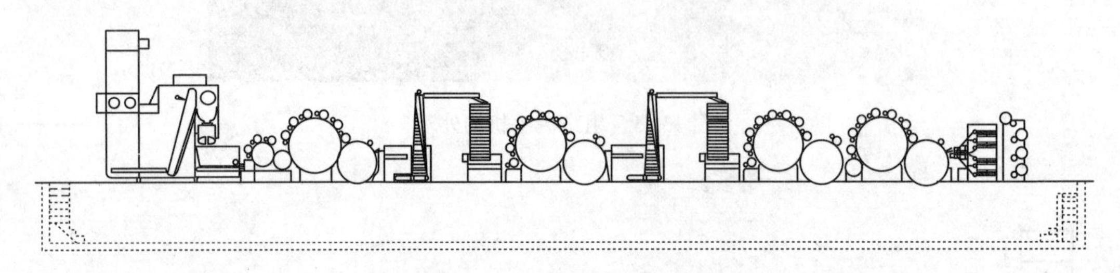

图 13-6　三联式粗纺梳毛机

后控制喂入罗拉的速度，以提供恒定的喂入速度，定时定量喂毛，保持每次喂毛量相等。即使梳毛机中没有这么复杂的校正系统，根据喂入羊毛纤维的种类来准确地设定喂入也是很重要的，因为梳毛机的目的之一是生产质量均匀的毛网。

喂入纤维中的含水量变化会导致喂入纤维的量的变化，因此纺高支纱的粗纺厂的技术人员应该很好地控制喂入梳毛机的纤维量及其含水量。很多先进的设备可用于控制水分含量，其中一个已被证明有效的系统是 Drycom 水分分析仪和仪表系统。这些精密的仪器采用独特的导电性原理，使系统能够为每个应用提供最佳的解决方案。Drycom 系统的优点是含有即时、连续、准确的水分测量传感器，可以测量产品上整个厚度的水分含量，而不仅仅是测量产品表面的水分，而且测量结果不受产品外观、颜色、温度、厚度或密度变化的影响。

2. 预梳机

粗纺梳毛机中的第一个梳理区域是预梳机，如图 13-7 所示。预梳机的作用如下。

（1）将喂入机内的紧密缠结的纤维团松解，并对其进行梳理，预梳机中辊筒上的针齿越来越细，以便对喂入纤维进行循序渐进的梳理，使其形成开松良好的纤维层。

（2）从预梳机开始，可以发生显著的混合。

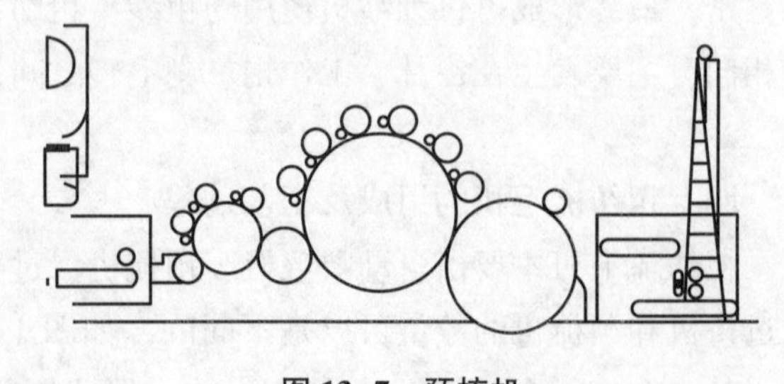

图 13-7　预梳机

（3）清除大部分残留的污染物，如植物性杂质（种子、草、毛刺）、灰尘、污垢等，有些梳毛机上还有“Hamel 罗拉”，该罗拉能在高压下压碎植物性杂质，从而使植物性杂质与纤维分离开。

3. 过桥机

粗纺梳毛机中的预梳机与末道梳理机之间是由过桥机连接的，如图 13-8 所示。

图 13-8　过桥机

自动喂毛机中的重量控制系统以及梳毛机中的光滑作用无法对喂入纤维横向的密度变化进行校正。将预梳机与末道梳理机连接起来的过桥机可以将预梳机中形成的毛网进行凝聚压缩，并将其铺放在末道梳理机的喂入端。过桥机的作用是将预梳机梳理好的毛网旋转，并将其以 90° 的角度放置在末道梳理机的喂入端，过桥机可以对毛网进行纵向折叠和横向折叠铺层，从而更充分地混纺羊毛，使梳毛机输出的整个毛网更加均匀，消除了从一侧到另一侧的变化。

过桥机可以使纤维沿梳毛机的横向进行混合，从而改善不同种类纤维之间的混合程度，也可以改善自动喂毛机无法控制的横向密度变化。过桥机正确的工艺设置对毛网的均匀性和最终纱线的质量都至关重要。由于过桥机中不正确的铺层而产生的质量波动在后续的末道梳理机中只能部分修复，从而会影响最终纱线的质量。

图 13-9　末道梳理机

4. 末道梳理机

如图 13-9 所示，末道梳理机辊筒上的针齿比预梳机中的更细，而且相邻辊筒之间的距离更小，相邻辊筒之间的速比设置应更加谨慎。这些设置的不同是因为末道梳理机的任务是尽可能地使纤维分离成单纤维，将纤维沿梳毛机轴向排列，尽可能减少毛粒，去除残留的植物性杂质和灰尘，以生产高质量的毛网，从而生产高质量的纱线。

末道梳理机对纤维束和纤维团的分离是通过覆盖在旋转的辊筒表面的针布完成的，针布上有很多细小的点，像钢丝刷一样，可以握持纤维。大锡林上的针齿与工作辊上的针齿排列方向相反，且针尖对针尖，而且两者之间的速度也不相同，因此当羊毛经过大锡林与工作辊的界面时，大锡林上的纤维被一分为二，一部分纤维被工作辊带走，一部分纤维仍然在大锡林上。工作辊的速度略低于剥毛辊，剥毛辊可以将工作辊上的纤维全部剥下再返还至大锡林上。在大锡林、工作辊、剥毛辊的共同作用下，完成纤维的分离和混合。大锡林上面有很多对工作辊和剥毛辊，如果锡林上所有工作辊的运转速度是相同的，则每个工作辊几乎在同一时间将从大锡林上带走的等量纤维返还至大锡林上，这会减弱梳毛机中的混合作用，因此大锡林上的一系列工作辊是由尺寸逐渐减小的链轮齿驱动的，其运转速度是不同的。

大锡林与道夫之间的分梳运动与大锡林—工作辊之间的类似，一部分纤维被道夫带走向外输出，一部分纤维被锡林带走进行循环梳理。梳毛机中的大部分纤维在离开每一梳理机之前都会沿着梳毛机横向重复混合很多次。末道梳理机中的大锡林上在道夫之前还有一个风轮，风轮的运转方向与大锡林相同，速度稍快于大锡林，可以将距离锡林表面较近的纤维提升至针齿表面，从而增加道夫转移纤维的效率，减少重复梳理，还有助于减少充塞在锡林针齿中的抄针纤维。风轮上的针布是细长的弹性针布，可以插入至锡林的针齿中。

5. 成条机

如图 13-10 所示，从末道梳理机中输出的毛网再被喂入成条机中，成条机中的皮带丝与凹槽罗拉的剪切作用可以将毛网切割成很多窄的小毛带。皮带丝的宽度和数量取决于所纺纱线的支数，纱线支数越高，所需的皮带丝宽度越窄。这些窄的小毛带再以与梳毛机前进方向垂直地喂入搓条机构中进行搓捻，搓捻后的小毛带具备了一定的强力，称为粗纱，如图 13-11 所示，然后将其喂入卷条机构中，将其卷绕在特定的筒管上。

图 13-10　成条机

粗纺梳毛机中的皮带丝有串联式和环状两种，环状的皮带丝常用于加工细的羊羔毛，因为理论上环状皮带丝可以确保沿梳毛机宽度方向上的皮带张力是均匀的。串联式的皮带丝之间的张力不均匀，从而使输出粗纱的重量不均匀。

当纱线的捻度低于 315 捻/m（8 捻/英寸）时，粗纺梳毛机输出的粗纱上的搓捻程度会影响纱线的强力，搓捻程度越大，纱线强力越高，这种影响在低捻纱线中更加明显。影响粗纱搓捻程度的因素包括：相邻搓皮板之间的距离、偏心轴的速度、搓皮板的运动动程。

图 13-11　粗纱

五、粗纺梳毛中的质量控制

1. 辊筒的表面速度

粗纺梳毛机中，各个辊筒的相对速度选择准确才可能确保梳理成功，因此需要正确设置各个梳理元件的绝对速度和相对速度，并根据所加工的纤维种类改变相应的速比。辊筒的表面速度可以用下面简单的公式进行计算。粗纺梳毛机上不同辊筒的表面速度的工艺实例见表 13-1。

$$表面速度\ (m/min) = \frac{3.142 \times 直径 \times 转速\ (r/min)}{1000}$$

表 13-1　粗纺梳毛机上不同辊筒的表面速度的工艺实例

项目	直径/mm	转速/（$r \cdot min^{-1}$）	表面速度/（$m \cdot min^{-1}$）
喂毛罗拉	72	3	0.7
第一工作辊	210	5	3.3
道夫	900	4	109
剥毛辊	710	300	104
锡林	1300	90	368
风轮	400	380	478
成条机辊筒	200	17	10.7

需要注意的是，表 13-1 中的转速和表面速度取决于梳毛机的种类、所加工羊毛的种类以及最终产品的性能，因此这些数据不是一成不变的。

风轮可以将锡林底部的纤维提升至针齿表面以改善毛网的均匀性。风轮的表面速度一般用风轮的负荷百分率表示，计算公式如下：

风轮的负荷百分率＝风轮的转速（r/min）×风轮的直径（mm）－锡林的转速（r/min）×锡林的直径（mm）

2. 隔距的设置

粗纺梳毛机上各个工作辊筒之间的隔距设置也是很重要的。梳毛机上的隔距刚开始比较大，逐渐减小，末道梳理机中的隔距最小。这种设置可以使纤维材料逐渐被开松，从而减小时间和生产成本。

对于某种特定的纤维，如果隔距设置的过大，则纤维会在辊筒的表面发生卷曲从而使其在梳毛机的后续阶段更难被开松，导致纤维疵点增加；如果隔距设置得过小，纤维会断裂；若隔距特别小，极端的情况下会使梳毛机损坏。

在英国，梳毛机上辊筒之间的隔距是用特定的标准所规定的隔距号数来设置的，不同号数代表的隔距不同，见表 13-2。

表 13-2 英国标准号数与隔距之间的关系

标准号数	隔距/mm	隔距/英寸
14	2. 03	0. 080
16	1. 63	0. 064
18	1. 22	0. 048
20	0. 91	0. 036
22	0. 71	0. 028
24	0. 56	0. 022
26	0. 46	0. 018
28	0. 38	0. 0148
30	0. 32	0. 0124
32	0. 27	0. 0108
34	0. 23	0. 0092
36	0. 19	0. 0076

3. 针布规格

梳毛机上所用的针布主要有金属针布和弹性针布两种。

(1) 金属针布：在棉纺行业和毛精纺行业中，金属针布已经大部分取代了弹性针布，而且金属针布在粗壮羊毛粗纺系统中的应用也越来越广泛。

金属针布的主要优点是纤维在锡林与道夫之间的转移比较好，这可以降低锡林上的负荷、增加容纤量，从而增加产量。金属针布的主要缺点是纤维的混合差。

(2) 弹性针布：粗纺梳毛机中大部分纤维与纤维间的密切混合是在末道梳理机中完成的，而且混合程度与纤维的开松程度以及锡林与道夫之间的纤维转移量有关，纤维转移量越大，混合程度越小。因此，弹性针布目前仍在使用，主要应用于羊毛时装及混色织物的生产中。

一般，末道梳理机的胸锡林上使用金属针布，因为此时纤维团还比较紧密，所以需要借助金属针布的回弹性和耐磨性来使纤维开松。而末道梳理机的大锡林以及与其配套的工作辊、剥毛辊、风轮、道夫上一般使用弹性针布。

粗纺梳毛机中针布种类及几何形状的选择直接取决于羊毛的种类和所需最终纱线的质量，应用实例见表 13-3。所用的羊毛越细、所纺的纱线越细，则接触面积应越大，且针齿密度应越大，才能将缠结的纤维梳理开。若梳理较粗的羊毛，使用的针齿较细且密度较大，则会造成纤维损伤。

4. 粗纺加工中羊毛长度的变化

粗纺加工过程中，进入梳毛机中的纤维是团状或束状的，梳毛机需要将其梳理成单纤维状并进行混合，这个过程不可避免会对纤维造成损伤。

表 13-3 粗纺梳毛机中针布的应用实例

项目	预梳理机		末道梳理机	
	羊毛支数/齿冠/针号	接触面积/cm²	羊毛支数/齿冠/针号	接触面积/cm²
大锡林	70/7/24	77	140/13/34	286
道夫	75/7/24	83	140/13/34	286
工作辊	75/7/24	83	140/13/34	286
剥毛辊	40/4/22	25	90/9/32	127
风轮	40/4/24			66

CSIRO 的一项实验研究：将羊毛运用手工梳理方式和梳毛机进行梳理，分别测试梳理之前和梳理之后的纤维平均长度，结果表明：任何使纤维分离的方式都会对纤维造成损伤，喂入纤维的平均长度为 73mm，手工梳理后长度降低至 65mm，梳毛机梳理后长度降低至 63mm。本次实验研究的结果还表明：大部分的纤维损伤来自于喂入原料的状态，梳理作用产生的纤维损伤较少。

为了获得粗纺加工过程中各个阶段的纤维长度的基本信息，多年前在英国的 50 家毛纺厂作了一项调查，调查中大部分毛纺厂加工的是纯羊毛，少部分有与羊绒、化学纤维的混纺，所用混合原料的平均长度为 25~125mm，80%的毛纺厂用的纤维平均长度为 30~80mm，这些纤维所纺成的纱线是用于针织和机织的地毯绒纱，调查结果如图 13-12 所示。粗纺梳毛机输出的粗纱中，平均纤维长度低于喂入混料的平均纤维长度，而且羊毛越长越易断裂。

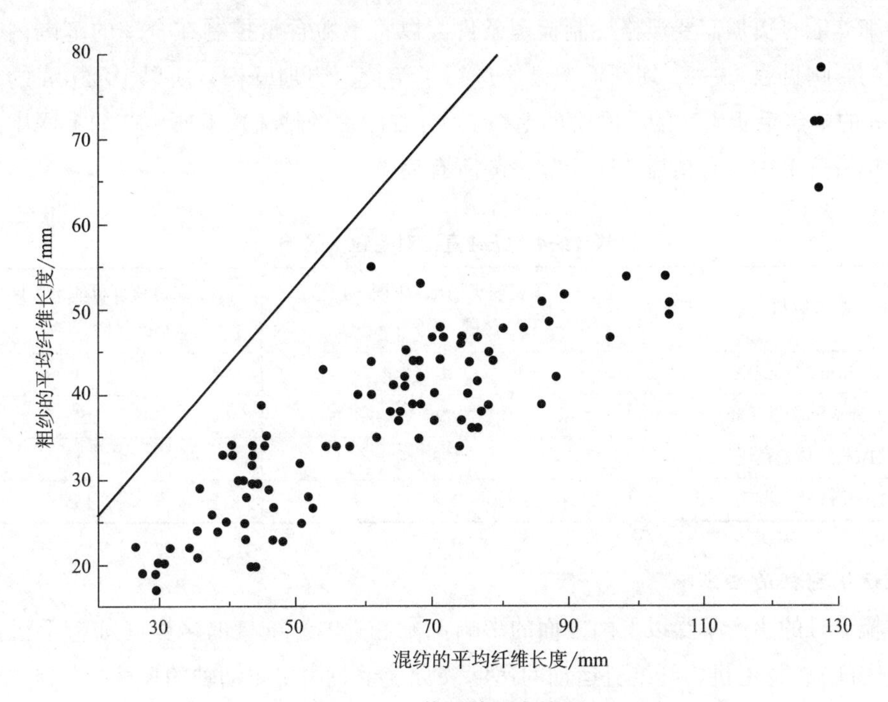

图 13-12 英国的调查结果

5. 毛粒

梳毛机中没有被针齿梳理开而缠结在一起的纤维团，称为毛粒。对短纤维（如羊毛、其他天然纤维和化学纤维）进行梳理时，毛粒是很重要的问题，过桥机上毛网中的毛粒如图 13-13 所示（圆圈中圈出的则为毛粒）。

图 13-13 粗纱中的毛粒

精纺生产和粗纺生产中毛粒都是很严重的疵点，在粗纺的纺纱生产中，由于毛粒容易显现在纱线表面，因此毛粒会影响纱线和织物的外观，而且毛粒还会限制所纺纱线的细度、使纺纱过程中断头增加。精纺生产中精梳机可以去除毛粒，但是粗纺生产中没有可以去除毛粒的设备，因此清楚毛粒形成的原因以及尽可能减少毛粒的形成，对于提高粗纺纱线的质量是至关重要的。

毛粒的多少也与纤维直径有关，纤维越细，可能形成的毛粒越多。此外，洗毛、炭化、纤维染色这些在湿处理过程中引起的纤维缠结也会导致毛粒的形成。梳理的条件也会影响毛粒的多少，如生产过剩（喂入的羊毛量多于梳毛机最佳生产时所需要的量）、不恰当的隔距设置、速度设置、针齿表面不恰当的维护等都会使毛粒增加。

纤维直径对梳毛机毛网中的毛粒含量有很重要的影响。纤维越细，毛网中的毛粒越多，因此梳理细羊毛时更加需要严格控制梳理条件，以将毛粒含量控制在合理的范围内。纤维直径对毛粒的影响见表 13-4，切断毛条已经进行了精梳，更加开松，所以 19.5μm 的切断毛条比 19.5μm 的羊羔毛所生产的毛网中的毛粒更少；21μm 的精梳落毛所生产的毛网中的毛粒较多，因为精梳落毛中含有精梳工序所除去的所有毛粒。

表 13-4 纤维直径对毛粒的影响

喂入原料	预梳理机输出毛网中的毛粒含量/（个 · g^{-1}）	末道梳理机输出毛网中的毛粒含量/（个 · g^{-1}）
24.5μm 的羊羔毛	18	4
19.5μm 的切断毛条	59	52
21μm 的精梳落毛	173	113
19.5μm 的羊羔毛	208	155

6. 粗纺梳毛机的生产率

粗纺梳毛机的生产率受以下两方面的影响：梳毛机内纤维量的多少（如梳毛机内纤维流的厚度或密度）、梳毛机内纤维流运动的速度（如梳毛机内主驱动轴的尺寸）。

CSIRO 的实验研究结果表明，生产率对毛粒含量的影响见表 13-5。当梳毛机的负载不超过其既定容量时，大锡林速度恒定、梳毛机内纤维量增加，毛粒含量增加；梳毛机内纤维量恒定、大锡林速度增加，毛粒含量减少。这一结果与精纺梳毛速度、纤维流密度对梳毛质量的影响研究结果类似。

表 13-5 生产率对毛粒含量的影响

粗纺梳毛机的生产率/（$kg \cdot h^{-1}$）	毛粒含量/（个·g^{-1}）	
	大锡林转速 80r/min	大锡林转速 120r/min
12	36	14
15	62	13
20	105	19

7. 粗纺梳毛机输出毛网的质量要求

粗纺梳毛机上输出的毛网需要满足一定的质量要求，见表 13-6。

表 13-6 粗纺梳毛机输出毛网的质量要求

毛网性能	要求的范围
单位面积的重量/（$g \cdot m^{-2}$）	5~50
毛网宽度/m	1~3
毛网厚度/mm	2~5
纤维的平均直径/μm	15~60
纤维的平均长度/mm	15~180

8. 粗纺梳毛机单位宽度的生产率

为了比较不同宽度的梳毛机的生产率，需要计算梳毛机单位宽度的生产率（用 P 表示），生产实践中典型的 P 值见表 13-7。影响生产率的因素包括羊毛的类型、成条机中皮带丝的数量、不同用途的纱线所需要的搓捻程度等。

表 13-7 粗纺梳毛机单位宽度的生产率

纱线类型	粗纱支数/公支	梳毛机宽度/mm	生产率/（$kg \cdot h^{-1}$）	P/［$kg \cdot (h \cdot m)^{-1}$］
地毯纱	2.5	1830	81.6	45
	2.5	2440	108.9	45
全羊毛袜子纱	6.3	2540	72.6	29
中等质量的羊毛纱	4.7	1525	18.1	12
	5.1	1525	15.9	10
	7.4	1525	13.6	9
	8.7	1525	11.3	7
	10.0	1525	9.1	6
羊毛/尼龙/聚酯纤维混纺纱	6.3	1525	15.9	10
羊羔毛	10.0	1525	6.8	4

9. 粗纱支数和皮带丝的宽度

粗纺梳毛机中皮带丝的数量和宽度取决于所纺纱线的支数，皮带丝越窄，可纺的纱线越细。纺较细纱线所用的皮带丝宽度约为10mm，纺很粗的纱线所用的皮带丝宽度最高可为40mm，纺中等细度纱线（8公支左右）所用的皮带丝宽度约为14mm。粗纺梳毛机的制造商会为毛纺厂提供皮带丝宽度选择的建议。

成条机中皮带丝的宽度是粗纺梳毛工序中一个非常重要的参数。如果皮带丝太宽，则梳毛机中的毛网会倾斜、不均匀；如果皮带丝太窄，则皮带丝无法支撑单位面积的毛网的重量，从而在将毛网分割成小毛带时会出现问题。为了提高生产率，搓捻部分有时会采用双搓皮辊或三个搓皮辊。

10. 粗纱的包装

搓捻之后形成的粗纱会通过卷绕滚筒卷绕至特定的筒管上，参见图13-11。卷绕滚筒可以使卷绕速度保持恒定（无论卷装的尺寸多大）。当筒管上的粗纱达到一定量时，会被换上空筒管继续生产，毛纺厂可以根据人工落筒操作的需要选择合适宽度的筒管。若采用自动落筒系统，则可以使用尺寸更大的筒管，但筒管的尺寸不能过大，因为粗纱是柔软的，而且不能被卷绕得过于紧密。

11. 粗纱的测试

粗纺梳毛机上输出粗纱的变化测试在商业贸易中是必需的，以确保整个梳毛机上所输出的粗纱的单位长度重量是一致的。

比较粗纱变化的方法以及测试频率取决于所纺纱线的类型、成条机的类型、梳毛机调整的频率、所加工混合纤维的性能。此外，皮带丝的类型会影响需要测试的粗纱条带的数量及测试频率。

对粗纱变化的测试比较耗时，因此粗纺加工企业都必须明确需要测试的次数，建议袜子纱和细支纱每周测试一次，合格的粗纺毛纱生产中最低测试频率是每月一次。理论上，每一次改变混料以及调整设备后都要进行测试。常用的测试方法有三种：①系列法，测试每根皮带丝所对应的粗纱；②八字法，针对某个粗纱取两段进行测试；③连续法，针对某个粗纱连续测试。此外，还有在线测试和离线测试两种测试方法，但是在线测试成本较高，所以离线测试广泛应用于毛纺厂中。

粗纱的重量是由皮带丝的速度、卷绕滚筒的速度、喂毛机喂入的速率控制的。为了保证细纱机的工作效率，设定的粗纱定量比所纺纱线支数所需要的定量高30%左右。梳毛机上每套筒管上粗纱的单位长度重量至少需要测试两次。测试粗纱重量的步骤如下：①识别、编码并选取测试粗纱的样本；②将粗纱在轻微的张力下悬挂在一个夹子上，剪成10个1m长的粗纱并悬挂在夹子上；③检查天平是否归零，并对样品进行称重，确定每米粗纱的重量；④记录数值并对照规格要求进行检查，如果测试值超出要求，则相应地调整道夫速度：如果重量过重，则增加道夫的速度；如果重量过轻，则降低道夫的速度；⑤如果重量调整好了，等待1~3min重新检查，以确保每米长度的粗纱重量达到要求。将重量结果与规格要求进行比较，并记录数据，以建立质量控制的历史数据。

操作人员在操作粗纺梳毛机时，应使喂毛机的料斗始终处于满的状态。料斗中原料含量的波动将导致羊毛的体积密度发生变化，从而导致粗纱的重量变化。

12. 质量控制：对粗纱测试数据的解读

粗纱测试之后得到的数据需要进行一些计算以获取质量控制相关的信息，主要的计算分析包括：一个纱架与另一个纱架上粗纱的差异（图 13-14 中为 4 个纱架）、一个纱架上一边与另一边的粗纱的差异、由于每根皮带丝的张力产生的纱线支数的变化。

图 13-14　纱架上的粗纱

（1）一个纱架与另一个纱架上粗纱的差异。此差异可以由多种因素导致，如表面辊筒线速度的差异、搓皮板线速度的差异、皮带丝张力的差异等。为了找到确切的原因，需要逐个排查各个因素，找到原因进行调整后，还需要重新测试确认调整后是否能达到理想的效果。

（2）一个纱架上一边与另一边的粗纱的差异。此差异是由设备故障导致的，主要如下。

①皮带丝罗拉歪斜：主要发生在串联式和八字形成条机中，某一边皮带丝罗拉的歪斜仅会使这一边的粗纱的测试数据偏高或偏低，不会影响整个梳毛机所有纱架的平均值。

②梳理罗拉歪斜：主要是指风轮的歪斜，也包括梳理部分其他罗拉的歪斜，此歪斜所产生的疵点非常显著，会使一边与另一边的差异呈直线。

③过桥机喂入：过桥机喂入所产生的差异一般显现在梳毛机的边缘，边缘区域的粗纱重量逐渐减小，这一故障可能是由于毛条的铺放短于梳毛机的边缘，也可能是由于喂入速度与过桥机速度的差异造成的。

（3）纱线支数的变化。这可能是由于某根皮带丝的张力的变化导致的，一般皮带丝的张力越大，分到毛带上的纤维量越多。也可能是针布损坏、纤维滞留在风轮底部与梳理罗拉之间导致的。

13. 粗梳毛纺过程中的维护和质量问题

每次梳毛机中更换混合原料后，都需要对梳毛机中各个部分进行检查，以避免出现疵点。

主要的检查如下。

（1）喂毛机进料斗。

①下降间隙：每次下降之间应该没有间隙，如果有间隙，应该重新设置以使间隙尽可能小，如果设置不恰当（如间隙过大或原料重叠）会影响纱线条干。

②称重周期：称盘必须在规定的时间内达到预先设定的重量。如果被填得太快，每次下降的重量都有可能有很大的波动，从而导致纱线支数的波动；如果达到预先设定的重量所需的时间太长，则会导致重量丢失，从而使纱线变轻和不规则。研究发现，当料斗的重量达到设定标准的三分之二时，称盘处于最佳的工作状态。

③料斗中原料的高度应保持在恒定：如果该高度发生变化，则意味着从料斗中调入秤盘中的纤维量增加或减少，从而导致纱线支数的变化。虽然目前市场上的电子料斗弥补了这一点，但保持这一高度的恒定仍然是最佳的。

（2）预梳机。

①皮带打滑：皮带应该有正确的张力，才能在运行时不会打滑，皮带打滑会导致最终纱条干不均匀，因此在给机器循环加油时最好检查所有皮带的张力，必要时进行调整。

②链条张力：链条应具有正确的张力，才能在运行过程中不会出现打滑，链条打滑会导致最终纱条干不均匀。因此在给机器上油时，最好检查一下所有链条的张力，必要时进行调整。

③辊筒底部的废料：应及时清除堆积在辊筒底部的任何废料，因为这可能导致辊筒停止转动，也可能有火灾风险（材料上的摩擦足以产生高温，可能会自燃）。

（3）过桥机。

①重叠：为了制成均匀的纱线，混料在喂毛帘上的铺放是很重要的，调整时须谨慎，铺放在喂毛帘上的毛层相互之间不能有间隙，但可以有一定的重叠，重叠的程度根据喂入原料的不同而不同。

②铺放至喂毛帘的两侧：铺放好的毛层距离喂毛帘的两侧不能太远也不能太近。

③毛条对上方的张力：如果毛条没有通过格子输送至上方的传送带上，毛条也应该能够靠自身的重量支撑其到上方的传送带上，即使毛条已经损伤至只有完好毛条的75%。

④毛条从上方至托毛辊的张力：毛条从前上方的滑轮至托毛辊之间的张力应是适中的，毛条不应过度供给托毛辊，也不能在离开喂毛帘时被拉得太紧。

（4）成条机。

①进网轴上的所有皮带丝都应处于适当的位置。

②废料堆积：应该仔细检查皮带丝的周围，确保没有废料的堆积，废料堆积会使皮带丝产生拉伸，从而导致粗纱支数的变化。此外，如果进网轴夹持点中有废料堆积，也会导致粗纱不均匀且强力弱。

③最终粗纱的支数准确：定期检查梳毛机上的粗纱，因为粗纱支数经常会出现大幅的波动，最高可达±25%。

④毛网清晰度：检查毛网的外观，如毛粒含量、纤维分布、毛网张力。

以上这些因素都会影响梳毛工序的效率、细纱工序的效率以及最终纱线的质量。毛网中的毛粒含量和纤维分布可以反映梳毛机中针布的状态以及工艺设置是否准确。除以上控制因素之外，还应该定期对针布进行抄针，一般在毛网中的毛粒增加之前进行抄针，抄针的频率随混料的不同而不同，含脂较多的羊毛每加工 500kg 就需要抄针，而清洁较好的混料可以每加工 10t 抄针一次。

为了确保在粗纺梳毛过程中出现的问题最小化，所有不同的工序都必须有一张工作表，对所需的设置、有关测试和控制措施进行详细说明。

重要知识点总结

1. 与精纺梳毛机相比，粗纺梳毛机的特点如下：

（1）设备更长，包含的部分更多；

（2）需要更多的开毛和混合；

（3）生产纵向和横向都比较均匀的毛网。

2. 粗纺梳毛机通常包括五个主要部分：自动喂毛机、预梳机、过桥机、末道梳理机、成条机。

3. 粗纺梳毛机中包含一系列旋转的辊筒，这些辊筒表面覆盖有不同形状的针齿，可以进行不同的机械运动，包括：梳理运动、交叉铺放运动、剥取运动、落纱运动、分割运动和集合运动等。

4. 粗纺梳毛机的工艺过程：

（1）混料通过称重料斗喂入梳毛机中，进料的最优化设置对形成质量均匀一致的毛网是至关重要的；

（2）梳毛机中第一部分的梳理是在预梳机中完成的，预梳机的作用是对喂入梳毛机中紧密缠结在一起的纤维团进行开松；

（3）粗纺梳毛机的梳理部分包括预梳机和末道梳理机，二者之间通过过桥机相连接，过桥机的作用是更加充分地混合羊毛，从而使梳毛机输出的毛网的质量差异减小；

（4）末道梳理机继续对混料进行开松梳理，理想的状态是全部梳理成单纤维，并且使混合更加均匀，以生产高质量的毛网，为生产高质量的纱线奠定基础；

（5）末道梳理机输出的毛网被输送至成条机，成条机可以将毛网分割成很多条窄的小毛带。

练习

1. 粗纺梳毛工序的目的是什么？

2. 粗纺梳毛机包含哪五个部分？每部分的作用是什么？

3. 为什么粗纺梳毛机中含有过桥机而精纺梳毛机中没有？

4. 粗纺粗纱与精纺粗纱有什么不同？

5. 为什么粗纺梳毛机中没有毛刺打手以及其他的去除植物性杂质的装置？

第十四章　毛粗纺纺纱

学习目标：

1. 了解粗纺系统中纺纱工序使用的设备。
2. 掌握粗纺纱线的质量指标和要求。
3. 掌握粗纺过程中的防毡缩整理。
4. 理解粗纺系统的局限。

第一节　概述

一、粗纺细纱机

毛粗纺纺纱的三个主要任务为牵伸、加捻和卷绕。毛粗纺系统中使用的细纱机主要包括环锭纺细纱机和走锭细纱机，这两种细纱机对纺纱的三个任务的完成形式有所差别。

1. 环锭细纱机

环锭细纱机中，牵伸、加捻和卷绕依次连续进行，生产效率较走锭细纱机高，如图14-1所示。

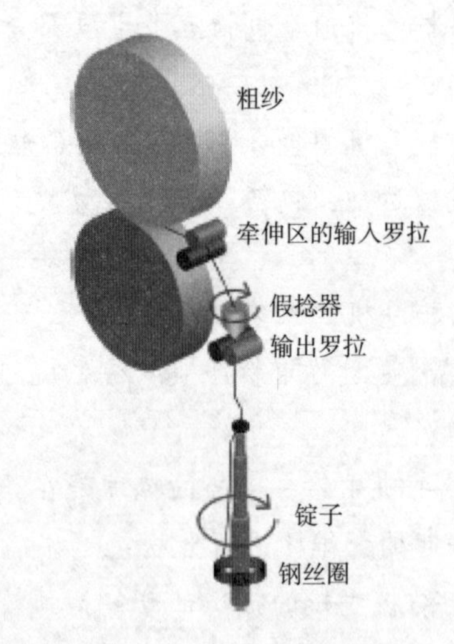

图14-1　粗纺环锭细纱机

在环锭纺过程中，粗纺粗纱持续地喂入细纱机的牵伸区域中，然后加上预定的捻度，捻度的大小取决于纱线的最终用途。

2. 走锭细纱机

走锭细纱机中，牵伸、加捻和卷绕不是连续的，牵伸和加捻同时进行，但与卷绕是分开的，如图14-2所示。

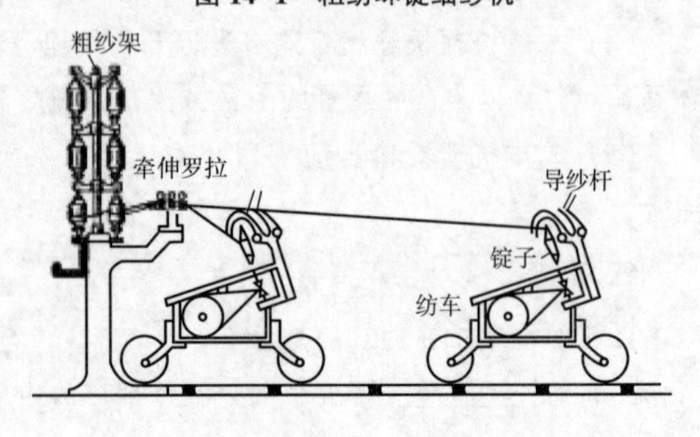

图14-2　走锭细纱机

二、牵伸与加捻

牵伸有两个目的：一是改善纤维的排列和纱线的均匀性；二是将须条的细度降低至所需的纱线支数。

牵伸与加捻同时进行（无论是真捻还是假捻）可以更好地控制牵伸区中的纤维。如果牵伸与加捻不同时进行，则较细的地方比较粗的地方会牵伸的更多，这会导致纱线不均匀性增加，而且粗纱和细纱的断头也会增加。

加捻时，捻度往往会优先延伸到纱线的细节部分，因为细节部分具有较低的扭转刚度。相对较高的捻度会使细节部分的强度增加。

从理论上讲，纱线粗节部分的牵伸优先于细节部分，当纱线的线密度降低时，捻度会重新分布，以控制进一步的牵伸，这种方式可以使牵伸后粗纱或细纱具有更好的均匀度。在实际生产中，纱线的不均匀性大多数（约80%）是由于在梳毛工序生产的纤网不规则或不均匀造成的。粗纺梳毛工序一旦产生质量问题，后续从纤网到粗纱再到纱线的生产中，质量会持续恶化。纤网和粗纱的均匀性，不管是横向均匀性还是纵向均匀性，抑或是长片段不匀以及短片段不匀，对产品质量和产量，以及减少整个工序的资源浪费等方面都至关重要。

粗纺系统中的环锭细纱机与精纺系统中的环锭细纱机的一个主要区别是粗纺的环锭细纱机中牵伸区域中有假捻器，可以在牵伸区中赋予纱线假捻，如图14-3所示，假捻的程度（即捻系数）及牵伸倍数都对纱线质量影响显著。

捻系数并不总是与加捻速度成正比，它也会受到输送速度的影响。一旦捻度达到一定程度，纱线上的捻度会产生滑移，并阻止捻度的增加。

粗纺毛纱的细度主要是通过控制牵伸倍数得到的，在牵伸过程中，粗纱被抽长拉细，但过度的牵伸会造成纱线断头、细节，成纱质量下降，粗纺环锭纺纱的牵伸倍数通常为1.0~1.35。最佳牵伸倍数的设定主要取决于纤维长度、纤维取向和粗纱的均匀性。

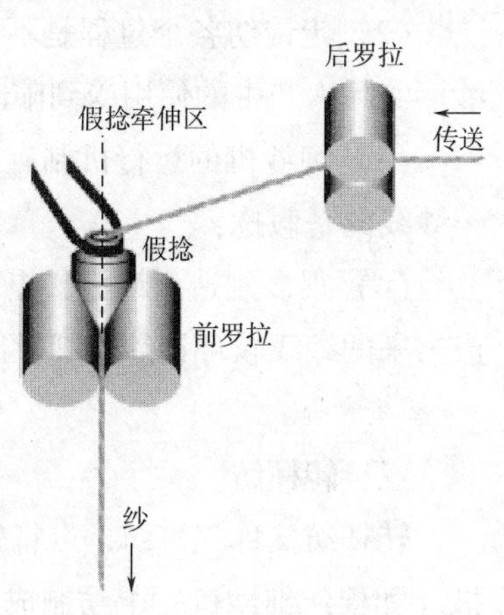

图14-3　假捻示意图

加捻过程可赋予纱线强力，捻度的大小取决于最终产品的用途，也与纺纱机的性能有关，捻度大小用捻系数衡量，一般针织纱捻系数为65~85，机织用经纱捻系数为85~120，机织用纬纱捻系数为75~95。

第二节　粗纺细纱工艺及设备

一、环锭纺纱

环锭纺是短纤维（除了长丝以外的纤维，如羊毛）纺纱最常用的方法。如图14-1所示，将粗纱从固定在筒子架上的粗纱管中抽出，喂入细纱机的牵伸区。牵伸区包括输入和输出罗拉，两者的速度不同，在速度差的作用下完成牵伸。输入罗拉和输出罗拉之间装有假捻器，可以为牵伸区的粗纱施加假捻，以使其具有强度。牵伸后粗纱的线密度降低至所需纱线的细度。粗纺环锭细纱机中典型的牵伸倍数为1.25~1.5。从输出罗拉输出的纤维束先穿过导纱器，然后穿过位于锭子外围的钢丝圈，并以较高的速度绕锭子旋转，钢丝圈随着钢领相对于锭子上下移动，将纱线以特定的形状卷绕到锭子上的细纱管上。钢丝圈和锭子的高速旋转为纱线施加捻度（真捻），每根纱线都对应一个锭子。

二、走锭纺纱

走锭纺纱与环锭纺纱不同，纱线的形成是由许多间歇动作完成的，不是连续式的。

在走锭纺纱机上，如图14-2所示，每个粗纱都从筒子架上的粗纱筒上引出，输送至一对压辊中，该压辊再将粗纱输送至纺车上。粗纱被纺车拉出约1.5m，通过锭子的旋转，赋予被抽长拉细的纱线捻度，以增加其强度。然后施加张力，并通过将纺车向后移动进一步对粗纱进行牵伸，这个过程中筒子架上不释放粗纱，锭子继续旋转，进一步进行加捻。加捻后的单纱被卷绕到细纱管上，与此同时纺车回到其初始位置，避免纱线松弛退捻。重复上述过程，直至细纱管达到其最大或最佳尺寸。

环锭纺与走锭纺工艺原理的不同，导致它们的应用领域及产品也有所差异，主要体现在以下几个方面：

（1）环锭纺常用于精纺中，也可用于粗纺，而走锭纺只适用于粗纺；

（2）走锭纺各个过程是不连续的，因此其生产率比环锭纺低得多，从而导致该技术在纺纱厂实际生产中的使用受到限制；

（3）细纱机的运行机制有很大不同，走锭细纱机生产的是有捻纱，而粗纺环锭细纱机赋予纱线的是假捻；

（4）很多制造商认为，走锭纺生产的纱线更均匀，并且仍用于纺制细支的粗纺毛纱，生产出来的纱线较环锭纱更细且质量更好。

三、转杯纺

转杯纺又称气流纺，可将较短的纤维纺制成纱线。短的羊毛纤维通常可以在短纤维纺纱机（如棉纺细纱机）上纺制成纱，因此，这种方法是一种常见的粗纺生产系统，应用于部分粗纺厂中，参见图12-21。

低成本的棉纺粗梳系统、高效率的转杯纺纱使得粗纺纱线的生产成本降低，但相对于利用粗纺梳毛机和传统的环锭纺或走锭纺生产的粗纺毛纱，转杯纺系统所纺的纱线质量（如强度、均匀性等）较差。转杯纺也可以用来生产羊毛/棉混纺纱线。

第三节　粗纺毛纱的性能

对于粗纺毛纱而言，评判其性能的指标主要有纱线支数、纱线条干均匀度、纱线捻度、纱线强度以及毛羽。

纱线的质量参数决定了纺织品最终的机械性能、外观效果、触觉和生理特性。供应商根据产品价格，确定加工工艺及面料性能。

一、纱线细度

粗纺毛纱的纱线细度有不同的系统表示，见表14-1、表14-2。

表 14-1　纱线细度的间接表示系统

指标	与线密度 Tt 的换算关系
公制支数 N_m	1000/Tt
精纺英制支数 N_e	885.8/Tt
阿洛粗纺毛纱支数 N_{al}	1033/Tt
美国粗纺毛纱支数（克特制）N_{ac}	1645/Tt
美国粗纺毛纱支数（轮制）N_{ar}	310/Tt
德斯伯里 & 巴特利粗纺毛纱支数 N_d	31000/Tt
加拉沙尔粗纺毛纱支数 N_g	2480/Tt
霍伊克粗纺毛纱支数 N_h	2687/Tt
爱尔兰粗纺毛纱支数 N_{iw}	7751/Tt
西英格兰粗纺毛纱支数 N_{wc}	1550/Tt
约克郡粗纺毛纱支数 N_y	1938/Tt

表 14-2　纱线细度的直接表示系统

指标	含义	与特克斯的换算系数
线密度 Tt（tex）	g/1000m	—
丹尼尔（旦）	g/9000m	9
粗纺毛纱（英标）Ta	磅/14400 码	0.02903
粗纺毛纱（美标）Tga	格令/20 码	0.2822
粗纺毛纱（西班牙标）Tcw	g/504m	0.504

二、纱线条干均匀度

若纱线横截面中纤维数量相同，粗纺毛纱的均匀性比精纺毛纱的差。研究表明，一般粗纺毛纱横截面中的平均纤维根数不少于 100 根才能保证纺纱过程顺利进行。

纱线的不匀或支数的变化是避免织物疵点的关键，一般用乌斯特条干均匀度测试仪测试粗纺毛纱的条干，如图 14-4 所示。通过测试，可以获取如下信息：纱线不匀的种类及不匀率程

图 14-4　乌斯特条干均匀度仪

度、纱线上疵点的数量以及可能影响最终产品外观效果的毛粒数量。一般，纱线越粗，其条干均匀性越好，股线的条干均匀度比单纱的好。乌斯特条干均匀度仪的测试结果见表 14-3。

表 14-3 乌斯特条干均匀度仪测试结果

纱线支数/公支	测试值 U/%	纱线支数/公支	测试值 U/%
10/1	8.7~13.5	14/2	7.1
14/1	9.5~14.0	16/2	7.3
16/1	11.3~16.5	20/2	8.6

纱线条干也可以用纱线不规则指数来表示，不规则指数可以用来比较不同支数纱线的均匀程度，其计算公式如下：

$$\text{不规则指数} = \frac{11.05 \times U(\%)}{D \times \sqrt{N_{\mathrm{m}}}}$$

其中，U（%）为乌斯特条干均匀度仪测试值，D 为纤维直径（μm），N_{m} 为纱线公支数。计算所得的不规则指数低于 1.5，则纱线的条干较好；不规则指数 2.0 左右，为平均水平；不规则指数大于 2.6，则纱线的条干较差。不规则指数越低，纱线的条干均匀性越好。

纱线的不规则指数见表 14-4。

表 14-4 纱线的不规则指数

U/%	12.4	12.7
D/μm	20	22
纱线支数/公支	16	16
不规则指数	1.7	11.6

三、纱线强度

纱线的拉伸性能（如强度）对其后续加工及最终织物的物理性能都有直接的影响。在一定的负荷作用下，强度或伸长太低的纱线会在后续加工过程断裂，这将导致机器停机以及针织、机织的效率下降。纱结会在机织物表面显现出来，纬编针织物上的破洞无法进行修补，从而造成织物的浪费。

通常用强度来比较两种不同纱线的强力，强度与纱线的线密度相关，其计算公式如下。一般，粗纺毛纱的强度比精纺毛纱低，但是粗纺毛纱的毛羽比精纺毛纱多。

$$\text{纱线强度} = \frac{\text{纱线的平均断裂负荷(g)}}{\text{纱线线密度(tex)}}$$

捻度对纱线强度的影响如图 14-5 所示。初始阶段，随着捻度的增加，纱线强度增加，增至最大值后，捻度增加，纱线强度下降。捻度较小时，捻度的增加意味着纤维之间抱合的增加；当捻度较大时，沿着纱线轴向应变方向的角度增加，从而影响纱线中纤维承受负荷的能力。

四、毛羽

毛羽的测试可以提供以下信息：纱线的视觉厚度、任何影响产品外观改变的不恰当的变化。纱线毛羽过多，会使某些针织服装外观恶化。

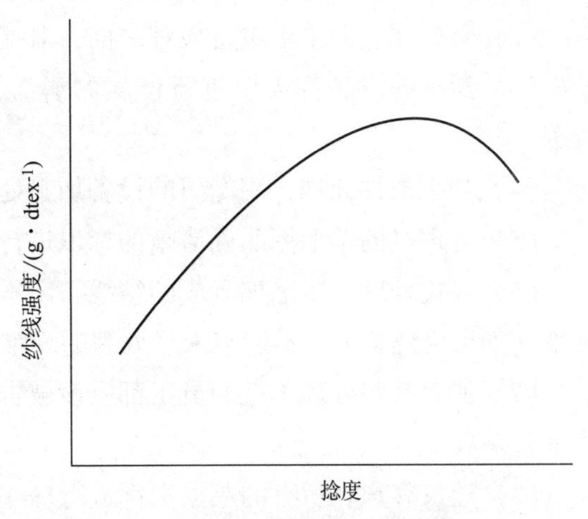

图 14–5　捻度对纱线强度的影响

五、毛粗纺系统的局限与探索

粗纺系统可以加工的纤维长度比精纺系统的短，而且可以加工多种纤维的混纺产品，可混纺的纤维中包括大量的回收纤维。

粗纺梳毛工序可以使纤维更好地混合，但是生产较细的纱线时，其速度受到限制，从而导致产量下降并增加成本。

粗纺毛纱中，纤维的排列比较随机，因此为了保证纺纱过程的顺利进行（纺纱断头不能太多），纱线截面内的纤维根数比精纺的多，一般为 90~120 根，而精纺纱线截面内的纤维根数为 35~40 根。因为粗纺纱线截面内的纤维根数较多，所以粗纺系统无法纺制很细的纱线（大于 20 公支的纱线）。

第四节　特殊纱线的粗纺加工

一、防缩羊毛粗纺纱线

经过防毡缩处理的羊毛可以生产可机洗羊毛纱线，纺纱过程比较复杂。

为了生产防毡缩粗纺羊毛纱线，需要对散羊毛进行处理，可用的处理方法有很多种，在之前的课程中具体讲解过。

生产可机洗粗纺羊毛针织纱线时，还需要注意对处理过的纤维进行润滑、避免污染、梳毛和纺纱过程中潜在的问题。选择用于粗纺梳毛工序和细纱工序的润滑剂时，需要满足以下要求：①不能影响防毡缩效果；②在后续的整理工序中容易去除；③对处理过的羊毛的手感影响较小。经过防毡缩处理后，羊毛纤维的摩擦性能会发生变化，但是粗纺梳毛机中一般不需要进行特别的调整，但应注意成条机输出的粗纱的密度。纺制相同支数的纱线时，防毡缩处理后的羊毛制成的纱线比未处理的稍细一些，因此，建议纺制可机洗粗纺羊毛纱线时，设计的纱线稍粗一些，以使其细度与未处理的相同。例如，可机洗的羊羔毛制成 14 公支/2 的纱线，相当于未处理的羊羔毛制成的 16 公支/2 的纱线；8 公支/2 的 Shetland 可机洗纱线相当于未处理的 9 公支/2 的 Shetland 纱线。选择捻度时，需要根据最终产品的性能要求综合考虑。

防缩处理的羊毛中即使沾染很少部分未经过处理的羊毛，也会破坏其防毡缩效果，导致局部毡缩，因此需要注意以下几点：

（1）处理过的羊毛需要与未处理的羊毛分开，单独存放；

（2）对处理过的羊毛进行梳理之前，对梳毛机进行彻底的清洁；

（3）所有的设备都需要进行彻底的清洁，包括针梳机的梳箱、开毛机、储毛箱、细纱机等；

（4）如果条件允许，用专门的设备加工处理过的羊毛；

（5）处理过的羊毛用明确清晰的标识进行标记；

（6）经过处理的羊毛加工成的纱线，用不同颜色的聚乙烯袋子盛放，或者用打印有警告标签（如可机洗羊毛：不能与未经处理的纤维或纱线混合）的袋子盛放；

（7）所有参与处理羊毛的员工都应该被告知经过处理的纤维与未经处理的纤维混合后的严重后果；

（8）建议客户在所有的单据上都进行标注。

二、羊羔毛及强力羊毛粗纺纱线

用羊羔毛纤维纺较细的纱线时，环锭细纱机的速度可设置为 5000～10000r/min。在大部分毛纺厂中，染深色纤维的纺纱速度与染浅色纤维的纺纱速度是不同的，以反映染色过程对纤维损伤的程度。

纺羊羔毛的纱线时，所用的钢领直径为 75mm，假捻的速度一般为锭子速度的 33%左右，但这主要取决于纤维的长度。为了使所纺纱线的卷装重量达到最佳，钢丝圈重量、锭子速度以及断头率之间必须达到平衡。

用较粗的强力羊毛纺制 Shetland 纱线时，锭子的速度一般为 5000～6500 r/min，钢领直径一般为 125mm。

第五节　粗纺毛纱与精纺毛纱的区别

粗纺毛纱与精纺毛纱分别如图 14-6、图 14-7 所示，两者之间的区别见表 14-5。粗纺系统使用的羊毛较短，可使用的羊毛种类较多，为了保证粗纺毛纱的质量，纱线截面内的纤维根数更多，纤维集合体受到的牵伸比精纺的少。粗纺系统需要比精纺系统使用更多的润滑剂，以适应加工较短纤维的要求。精纺系统中，由于纱线中纤维的排列比较整齐，纱线截面内的纤维根数更少，因此可纺更细、均匀性更好、光泽性更好的纱线。由于粗纺加工中使用了大量的助剂，因此粗纺毛纱有一股独特的味道，这些助剂需要在织物整理或服装整理工序中通

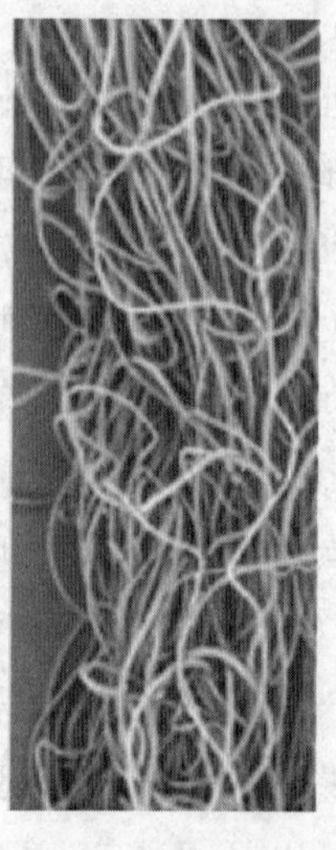

图 14-6　粗纺毛纱

图 14-7　精纺毛纱

过较多的洗涤工序去除。

表 14-5　粗纺毛纱与精纺毛纱的区别

项目	粗纺毛纱	精纺毛纱
羊毛种类	较短的羊毛，包括片毛、腹部毛、臀部毛以及精纺系统中的落毛	较长的套毛
纤维长度/mm	35~55	55~90
纱线截面内的纤维数量/根	130	35~100
加工流程	较短	较长
纱支范围/公支	2~28	10~120
细纱机牵伸倍数	1~1.5	20~30

重要知识点总结

1. 毛粗纺系统主要的两种纺纱设备是走锭纺纱机和环锭纺纱机。

2. 粗纺细纱工序的三个主要任务为牵伸、加捻和卷绕；走锭纺纱和环锭纺纱执行这三个任务的形式不同，环锭纺纱中是连续进行的，生产效率较高，因此环锭纺是目前用于生产精纺和粗纺羊毛纱线的最常见的纺纱方法。许多生产商认为，走锭纺纱可以生产更加均匀的纱线，因此目前走锭纺在毛粗纺行业中仍然很受欢迎。

3. 粗梳毛纱的主要指标包括：纱支、捻度、条干不匀率、纱线强度以及毛羽。

4. 毛粗纺系统存在自己的局限，包括：

（1）可以加工精纺系统中不能加工的羊毛和回收纤维；

（2）粗纺梳毛工序的速度有限，市场需求的纱线越来越细，产量下降、成本增加；

（3）粗纺纱线截面内需要更多的纤维，因此无法纺较细的纱线。鉴于此，需要探索新型的加工方法和产品。

5. 可机洗的羊毛针织纱线需要考虑以下方面：

（1）避免防缩处理的羊毛与未处理的羊毛相互污染；

（2）对经过防缩处理的纤维添加纺纱助剂；

（3）梳理和纺纱操作中的潜在问题。

练习

1. 纺制粗纺纱线常用的纺纱方法有哪些？

2. 走锭纺纱与环锭纺纱的最大区别是什么？

3. 精纺细纱机和粗纺细纱机中的牵伸倍数分别是多少？

4. 粗纺厂有 19μm 的羊羔毛和 35μm 的片毛，这两种纤维可纺的最细纱线的细度是多少？这两种纤维分别可用来纺哪种类型的纱线？

第十五章　半精纺

学习目标：

1. 理解半精纺纱线的生产方法。
2. 理解用于半精纺的羊毛纤维与粗纺和精纺的羊毛纤维的区别。
3. 了解半精纺纺纱过程中使用的设备。
4. 掌握半精纺纺纱过程中纤维控制的特殊要求。
5. 掌握半精纺与精纺纺纱过程的区别、半精纺纱线与精纺纱线和粗纺纱线的性能及区别。
6. 了解用半精纺生产纱线的主要产品。

英国纺织学院给出了半精纺纱线的定义：由毛条通过梳理及针梳后，不经过精梳，然后制成粗纱，最后纺制成纱线。

半精纺的生产流程起初与精纺毛条制造流程相似。首先进行洗毛、梳毛、多道针梳，以排列纤维、增加混合，然后未精梳的毛条在针梳机上进行牵伸，将其降低至所需要的重量，最后一般是在环锭细纱机上纺成纱线。对于大多数中粗及较粗的半精纺纱线，牵伸后的毛条直接在牵伸倍数较大的细纱机上进行纺纱；对于较细的半精纺纱线，则一般先将毛条制成粗纱再进行纺纱。

第一节　用于半精纺的羊毛

用于生产半精纺纱线的羊毛纤维的主要特点如下。

（1）纤维长度：75~125mm。

（2）强度较高：大于35N/ktex。

（3）植物性杂质含量较低：小于1%。不同纺纱系统所用羊毛纤维见表15-1。

表15-1　不同纺纱系统所用的羊毛纤维

项目	粗纺羊毛	半精纺羊毛	精纺羊毛
长度/mm	<55	75~125	>55
强力要求	无要求	较高	较高
直径/μm	无要求	一般为27~35	一般小于30
植物性杂质	无要求，因为需要炭化	较低	在精梳工序中去除
再生羊毛	可用	不可用	不可用

半精纺纱线一般是用中粗羊毛（27~35μm）制成的，但是纤维强力需要足够高且长度较

长，羊毛纤维细度的选择取决于所纺纱线的细度。半精纺不适合用较短的羊毛或再生羊毛，因为牵伸是半精纺系统中很重要的过程，较短的纤维在牵伸工序中不容易控制，从而导致纱线不匀，所以半精纺中较短纤维的比例必须比较小。对于中粗纱线及较粗的纱线，所用纤维的平均长度（豪特长度）不能低于75mm，且短于30mm的短纤维含量不能超过25%。植物性杂质的含量不能超过1%，因为半精纺系统中梳毛之后没有精梳。

为了减少浪费、节约成本，半精纺系统和精纺系统中的针梳、精梳、牵伸、粗纱等工序产生的再生羊毛可以用于粗纺系统中。

第二节 半精纺的生产流程

一、混毛和开毛

与精纺系统和粗纺系统一样，半精纺系统中也需要混毛工序，将不同的羊毛进行充分混合以保证最终半精纺纱线的质量符合要求。混毛的其他目的还包括：去除松散的污染物（如灰尘）、部分对纤维进行开松、使用纤维加工助剂（如润滑剂）减少纤维与纤维之间的摩擦从而减少梳毛过程中纤维的断裂。

混合后的纤维通过一对或两对喂入罗拉喂入开毛机中，开毛机可以对团状的羊毛纤维进行开松、混合，并可运用气流对羊毛进行清洁。半精纺系统中所使用的开毛机比粗纺系统中的开毛机（图15-1）更简单、开松作用更温和，而且开毛机中常用在线振动装置或类似的清洁装置来去除灰尘和植物性杂质。

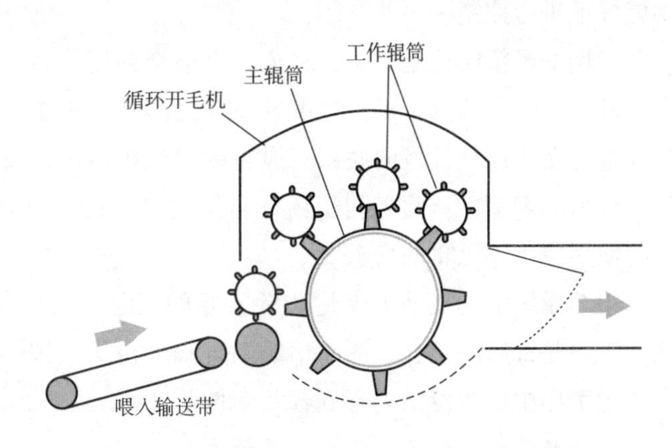

图15-1 粗纺系统用的开毛机

半精纺系统中需要使用大量的纤维加工助剂（润滑剂），与粗纺系统和精纺系统类似，助剂的选择是一个很复杂的问题，需要考虑多方面因素。半精纺系统中的梳毛工序速度较快，因此需要羊毛的润滑达到最佳。研究表明，羊毛所含的总油脂量（包括羊毛脂以及助剂）对牵伸落毛、纺纱断头、纱线强力、纱疵、纱线条干等都有影响，半精纺系统中最佳的总油脂量为0.6%~0.9%。

羊毛脂不是一种有效的纤维加工助剂。如果洗毛工序可以正确进行，则洗净毛中所含的羊毛脂为 0.3%~0.4%（称为残余油脂）；如果残留油脂量超过 0.5%，则在后续加工过程中会产生问题。一般需要添加 0.3%~0.5%的助剂，助剂的添加如图 15-2 所示。

图 15-2　助剂的添加

二、梳毛和针梳

1. 梳毛

世界各地的半精纺企业使用的梳毛机类型不同，但基本原理类似，可参见精纺梳毛机的工艺简图，如图 3-4 所示。不同的半精纺梳毛机中各种辊筒的数量和配置（如锡林、工作辊、剥毛辊）可能有所不同，植物性物质去除系统的设计也可能有所不同，但梳毛机的任务是相同的。

半精纺梳毛机的任务与精纺梳毛机的类似，分别为：

（1）将洗净毛中缠结在一起的纤维分开，并对其进行梳理，使其尽可能分离成单纤维；

（2）对纤维进行混合；

（3）去除洗净毛中残余的植物性杂质；

（4）形成连续的毛条，并圈放至条筒中，以便于后道加工，毛条中的纤维部分平行排列。

与粗纺梳毛机相比，半精纺梳毛机中纤维的混合较少，因此梳毛工序之前的混毛工序需要更好地进行控制。

早期的半精纺梳毛机中，在道夫之前会使用风轮，风轮有提升纤维的作用，提升作用发生于针背对针背的两个不同速度的罗拉之间。由于工作辊与锡林之间的相互作用，使得较多的纤维充塞于锡林针齿的底部，风轮的提升作用可以将这些位于锡林针齿底部的纤维提升至锡林针齿的表面，从而有利于锡林与道夫之间的梳理作用（即道夫的转移）。但是，金属针布的使用减少了风轮的需求。

粗纺系统中的梳毛工序是非常重要的，因为其可以决定纱线的支数，而且粗纺系统中，梳毛工序是最后的混合工序。精纺系统和半精纺系统中梳毛工序的重要性要弱一些，因为在后续的工序中仍然可以进行混合及牵伸。

2. 半精纺梳毛机中植物性杂质的去除

用于生产半精纺纱线的羊毛中应该包含很少量的植物性杂质，因为半精纺系统中除了梳毛工序，没有其他工序（如精梳）可以去除混料中较小的植物性杂质。

半精纺梳毛工序中去除植物性杂质的传统方法有：毛刺打手、落杂盘、海默尔（Harmel）压草装置三种，这些方法可以去除较大的植物性杂质（如毛刺），但是去除较小或纤维状植物性杂质的效果较差。半精纺梳毛机中主要去除植物性杂质的装置与精纺梳毛机类似，即莫雷夫罗拉与毛刺打手相配合。此部分内容已在本书毛条制造部分中讲过。

一般在梳毛机中大锡林上第一对剥毛辊的下方安装落杂盘，多达20%的片状植物性杂质可以在此处与纤维分离，并在剥毛辊的离心力作用下进入落杂盘中。虽然落杂盘对去除植物性杂质有利，但是现代梳毛机上一般不安装落杂盘，因为纤维废料会在其中堆积，并可能缠绕至剥毛辊上从而造成机械损伤。

海默尔压草装置在道夫之后，斩刀剥下道夫上的毛网之后，通过海默尔压草装置将植物性杂质压碎成较小的草屑，或使螺旋状草刺断裂为较小的草屑，随后再由毛刺打手或落杂盘将草屑去除。因此，该装置仅适用于双锡林的梳毛机。

半精纺加工中对片状以及秸秆状的植物性杂质特别敏感，因为这类杂质很难在梳毛机中去除。

3. 针梳

半精纺纺纱前的准备工序（即牵伸）中，应该有一台或多台具有自调匀整作用的针梳机，自调匀整装置有利于提高输出条子的均匀性。在交叉式针梳机的梳箱中，如图4-5所示，自调匀整装置可以选择性地安装于导纱架与后罗拉之间。

三、半精纺纺纱

为了获得较细的半精纺纱线，喂入细纱机中的条子也需要比较细，因此一般需要将毛条进行牵伸，制成粗纱后再喂入细纱机中进行纺纱，如图15-3所示。用毛条直接纺制较细的纱线时，需要使用具有两个牵伸区域的高牵伸倍数的细纱机进行纺纱，如图15-4所示，这种细纱机的优点是总牵伸倍数可高达200倍，喂入条子的线密度为6~9ktex，即可以纺制7~30公支的纱线，而单区牵伸的细纱机为了纺制7~30公支的纱线，则需要喂入线密度为3.5ktex的条子，因此使用高牵伸倍数的细纱机可以减少纺纱前准备的牵伸道数。

图15-3 半精纺细纱机

高牵伸倍数的细纱机牵伸区域中一般包括四个牵伸罗拉，从机后至机前，罗拉的表面速度逐步提高，此外还包含有短皮圈。在部分细纱机中，第一个牵伸区域使用罗拉，第二个牵伸区域使用皮圈。图15-4中，第一个牵伸区域使用柔软的Sampre罗拉对条子施加轻微的压力。

细纱机不管使用哪种牵伸系统，纺纱之前的梳毛和牵伸工序都需要进行标准的设置，为了获得准确细度的纱线，细纱机的牵伸也需要进行准确的设置。纺较粗的低支纱时，使用较大的卷装可以减少换筒的频率；纺较细的纱线时，使用相对较小的卷装可以增加锭子的速度和每台细纱机上锭子的数量。钢领的直径可以为75~180mm。

包缠纺非常适用于半精纺系统，但是其应用没有环锭纺广泛。

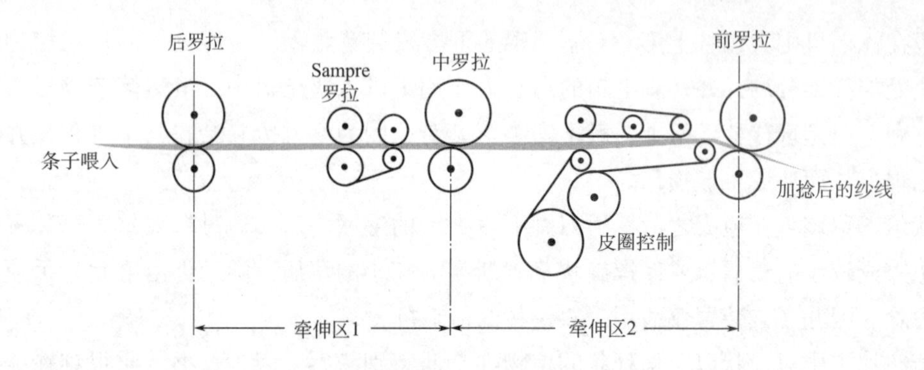

图 15-4　高牵伸倍数的半精纺细纱机

四、半精纺产品

半精纺纱线的主要用途是用于生产地毯，如图 15-5 所示，半精纺地毯一般是用较粗的羊毛（>29μm，产自新西兰、中国或其他国家的羊毛）经过编织或簇绒而制成。半精纺纱线还可以用于生产家具装饰织物（如窗帘、椅套、毛毯），如图 15-6 所示。半精纺纱线还可以与精纺纱线联合生产特殊的针织物，其外观与毛羽较多的粗纺织物相似，但同时具有精纺织物的耐用性。

图 15-5　半精纺地毯

图 15-6　半精纺毛毯和窗帘

第三节　毛纺三种纺纱系统的对比

毛纺的三种纺纱系统——粗纺、半精纺、精纺的对比见表 15-2。粗纺系统的流程最短、生产工序最少，但是粗纺系统中较大的梳毛机生产率很低；半精纺系统的加工较紧凑、产量较高，但是其生产工序比粗纺多；精纺系统的流程最长、最复杂、生产工序最多，精纺纱线的生产效率受到精梳速度的限制，精梳工序在粗纺和半精纺系统中是没有的。

表 15-2　毛纺三种纺纱系统的对比

纺纱系统	粗纺	半精纺	精纺
复杂程度	流程最短	流程中等	流程最长、最复杂
植物性杂质的去除	较少	较少	最多
短纤维的去除	纱线中含有短纤维	较少	最多
细纱机的喂入	粗纺粗纱	毛条或粗纱	粗纱
纤维排列的程度	最差	中等	最好
纱线截面内纤维根数/根	>90	>90	>35
细纱机牵伸倍数	1~1.5	80~120，双区牵伸的更高	15~30
锭子速度/（$r \cdot min^{-1}$）	2500~4000	3000~6000	7000~17000
纱支范围/公支	2~28	1~30	10~120

半精纺系统中梳毛工序可以去除少量的植物性杂质，但是半精纺系统不能加工植物性杂质含量较多的羊毛，因为其无法去除大量的植物性杂质。由于半精纺系统中不包含可以去除短纤维的精梳工序，因此半精纺纱线中含有短纤维。半精纺纱线中的纤维有一定程度的排列，但是比精纺纱线的排列差。为了保证半精纺细纱工序的顺利进行，半精纺纱线截面内的纤维根数需要大于 90 根，比精纺的多，因此用细度相同的羊毛纤维加工成的半精纺纱线比精纺纱线更粗。半精纺细纱工序的牵伸倍数比粗纺和精纺的都高。半精纺系统中的锭子转速比精纺的低，但是生产速度比精纺的高，这是由于两个系统所加工的纱线支数和捻度不同。

粗纺、半精纺、精纺的纱线性能对比见表 15-3。与粗纺纱线相比，半精纺纱线表面的纤维头端和纱结较少，因此毛羽比粗纺纱线的少，但是粗纺纱线和半精纺纱线的毛羽比同等细度的精纺纱线多。半精纺纱线的蓬松性和回弹性介于同等细度的粗纺纱线和精纺纱线之间。半精纺纱线的典型断裂强度为 5~7cN/tex，比粗纺纱线高、比精纺纱线低。

表 15-3　粗纺、半精纺、精纺的纱线性能的对比

性能	粗纺纱线	半精纺纱线	精纺纱线
外观	多毛	介于粗纺和精纺之间	光滑
蓬松性	较高（柔软）	中等	较低
强度/（$cN \cdot tex^{-1}$）	3~5	5~7	7~9

重要知识点总结

半精纺系统的主要特点如下：

（1）所用的设备和工序与精纺系统的类似，但是不包含精梳工序。

（2）所使用的羊毛纤维比精纺的更粗，但长度与精纺羊毛类似。

（3）可以用毛条直接纺纱，也可以用粗纱纺纱，而且细纱工序的牵伸倍数较高。

（4）纱线截面内的纤维根数需要大于 90 根，比精纺的多，因此半精纺纱线一般比精纺纱线粗。

(5) 与同等细度羊毛制成的精纺纱线相比，半精纺纱线的毛羽更多，且强力较低。
(6) 半精纺纱线主要用于生产地毯和家居装饰织物。

练习

1. 与粗纺系统和精纺系统相比，半精纺系统有什么不同？
2. 半精纺纱线与粗纺纱线和精纺纱线有哪些不同之处？

第十六章　纺纱后处理

学习目标：

1. 掌握纱线松弛效应及其对最终纱线质量的影响。
2. 掌握纱线络筒、清纱、捻接、加捻、并捻工序的目的。
3. 掌握纱线络筒、清纱、捻接、加捻、并捻工序对成纱质量的影响。
4. 掌握纱线络筒、清纱、捻接、加捻、并捻工序中可能出现的问题及解决方法。

第一节　纱线松弛

在经过环锭纺细纱工序后，纱线捻度不稳定，当张力降低时，纱线会倾向于缠绕在自身周围，形成螺旋缠结，如图16-1所示，称为“纱线松弛”。

一、纱线松弛的影响

对于机织纱而言，不管是单纱还是股线，都需要通过汽蒸进行松弛。

使用螺旋缠结的单纱织成的圆筒形针织物容易产生螺旋。纱线中的残余扭矩会导致螺旋式针织结构在垂直与条纹方向的变化。因此，有必要对单纱进行汽蒸松弛，以减少螺旋现象。

双面针织物中使用的是纱线捻度一般比其他类型的针织物中的高，因此用于织造双面针织物的纱线都需要进行蒸汽处理。

图16-1　细纱工序后纱线松弛

纬平针织物中，如果纱线没有经过适当的蒸汽松弛定形，最终的成衣将会变形，如果采用未经过蒸汽定形的双股线，成衣会出现起皱（线圈变形）等变形。

二、纱线汽蒸松弛过程中遇到的问题及解决办法

在用于机织或针织之前，必须将筒子纱置于高压容器中进行汽蒸，使纤维定形。为了防止纤维受损，通常将大多数精纺纱线的定形温度设置为80℃。如果常规定形处理后仍存在无法接受的缠结，则应增加蒸煮时间，而不是更高的温度，这样可以有效避免纱线泛黄。

在此阶段，不需要为了彻底消除缠结而重复多次进行蒸汽定形，因为定形次数增加，会使络筒工序中的接头更加困难。长时间的高温定形，也会导致纤维损坏，从而引发许多染色

问题。而蒸汽造成的损伤也会影响染色过程，导致颜色误差。

蒸汽定形必须保证纤维干燥，且蒸汽喷洒一致。潮湿环境中进行蒸汽定形，纤维表面会有多余水分凝结，从而损伤纤维。

纺纱机和针织机的工艺设计，以及两者间的技术联系对纱线松弛的影响是至关重要的。为达到平衡的捻度，使得变形最小化，很多公式可推导出来。但这些加捻公式不一定适用于湿润松弛的织物。因此，纺纱工序的工艺员在设计纱线捻度时，应多考虑后道工序，减少后道工序的麻烦和问题。

三、汽蒸定形操作规范

为达到定形效果，且尽可能减小纤维的损伤，避免影响后道加工工序，汽蒸定形应遵循以下准则。

（1）与客户良好沟通，以了解他们的需求。例如，在蒸制过程中，通过适当的纱线松弛，可以使紧密针织物中的起皱和螺旋现象最小化。

（2）检查蒸汽是否干燥、一致，质量是否良好或潮湿。

（3）检查高压灭菌器上的疏水阀是否堵塞。疏水阀将液体与蒸汽分离开，如果堵塞，羊毛的某些区域可能会受到更严重的破坏。

（4）高压容器在循环加热过程中不能加入纤维，否则会导致加热不均匀或加热温度不能达到设定值。通常，一天中的第一批羊毛是唯一受损的一批，因为机器尚未达到所需的温度。

（5）通常情况下，损坏的纤维位于纱卷底部，因为纱卷底部与钢圈接触，而钢圈周围会形成冷凝水，从而损伤周围的纤维。

第二节　络筒—清纱

纺纱管上的纱线数量相对较少，为了提高织造工序的效率，工厂会把几个细纱管上的纱线卷绕到一个圆锥形筒子上，这个工序称为络筒。

图 16-2　络筒机上的清纱器

高压汽蒸后，将纱管放置在络筒设备的纱管架上，纱线会高速卷绕到较大的筒子上，与清纱器配合使用，可以清除纱疵，如图 16-2 所示。纱线在经过电容式或光学传感器时，传感器能够检测到所需公差以外的细节、粗节和棉结，之后清纱器就会将其切除，然后通过打结或加捻将纱线的末端重新连接起来。

在工厂实践中，会根据顾客质量要求和纱线细度，设置清纱器的清纱参数。Siroclear 等光学传感器甚至可以检测出本色纱线中的深色或变色纤维。

一、纱线疵点

乌斯特（Uster）提供了常见于纱线中的疵点类型和指标。图 16-3 展示了乌斯特一种纱疵的表征。纱线疵点可以根据与纱线平均细度相差较大的细度（粗节、细节）、纱疵长度进行分类。

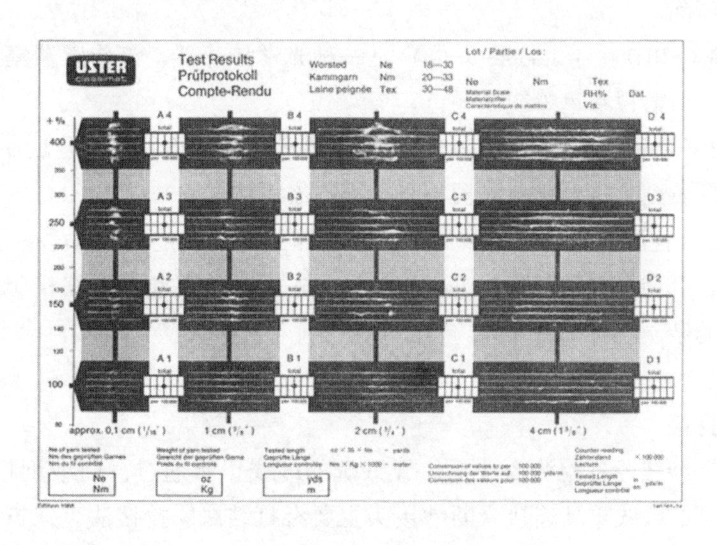

图 16-3　乌斯特纱疵案例

纺纱工艺员可以根据与客户约定的纱疵级别，设置清除器需要检测并去除的纱疵类别。更精确的设置可能会因最终产品的类型而异。例如，比起加捻的纱线，指定用于针织和机织的单纱（如 Sirospun 或 Solospun 纱线）可能有更严格的纱疵要求，因为对于加捻纱而言，在有些情况下，某些疵点可能隐藏在加捻的纱线中。

二、纱线疵点的检测

羊毛纤维或条子在生产过程中可能会沾染很多类型的杂质，纱线加工过程中也存在着疵点，这些因素最终都会影响产品质量，络筒过程可以有效地监测纱线疵点。图 16-4 为 CSIRO 提供的纱线清纱器。

图 16-4　CSIRO 提供的清纱器

传统的清纱器只能监测纱线的粗细节。新一代清纱器可以监测本色纱线中是否含有色污染物，包括植物性杂质、深色和有髓的纤维、非羊毛色纤维、油脂类污渍。

乌斯特·泽维格（Uster Zellweger）是该领域的领导者，于19世纪60年代研发了第一批纱线疵点分析仪和清纱器。这些设备通过纱线引起电容变化，得出纱线疵点信息，并通过机械控制，将疵点清除。

Siroclear（由CSIRO授予Loepfe许可）是一种光学传感器，该传感器集成在粗细节探测器中，用于络筒环节监视本色纱线的颜色。

Loepfe和Uster都采用了传感技术来检测聚丙烯本色（未染）纱线。Loepfe技术是基于摩擦带电原理，乌斯特则是将电容检测器与光学探测器相结合。

Keisokki将异纤检测器安装到清纱器中，所检测到的任何有色污染物、异纤维以及超出预设限制的纱线，都会被自动清除并进行接头。但羊毛纤维混纺纱的络筒工序中，几乎不可能除去类似纤维的杂质。

三、纱线的捻接

络筒工序中，纱线经过检测探头后，无纱疵的纱线正常通过，而纱疵将被清纱器清除，之后机械臂将断开的纱线重新连接。断纱接头主要有打结法、捻接法、双捻接法以及热黏合法四种。

1. 打结法

打结法主要用于机织或针织过程中，如图16-5所示，这种结可能在后道工序中引起其他疵点或故障，因此也被认为是纱疵的一种，要求在实验室后坯布检测时，要将其去除。通常会使用捻接法代替打结法

2. 捻接法

捻接是将两个纱线末端中无捻纤维通过加捻的方式连接在一起，如图16-6所示。此方法用于检测和清除纱疵之后，将断开的纱线两端连接在一起。理想情况下，接头必须具有与原本纱线相同的外观，并具有几乎相同的强度。

现有的捻接系统主要有机械式（意大利Savio）和气动式（德国Schlafhorst）两种。

图16-5 打结法接头的纱线

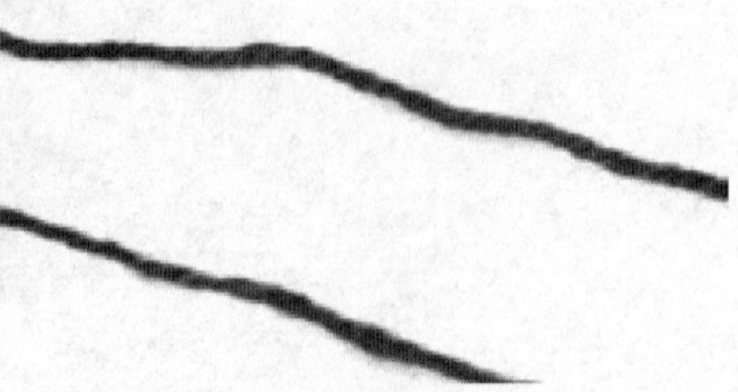

图16-6 捻接法接头的纱线

3. 双捻接法

将要连接的纱头夹在两个环形圆盘之间，如图16-7所示，两个环形圆盘以相互围绕其中心轴沿相反方向旋转的方式啮合在一起。为了产生纱线接头，首先旋转盘消除两个断头处（较短长度上的）的捻度，然后将无捻度的两个端部重叠，两个环形圆盘沿相反方向旋转，形成新的捻度，将断头连接在一起。双捻接法主要用于棉纱。

4. 热黏合法

在络筒机上，来自筒管的纱线的末端和由断纱造成的纱线的末端通常使用热黏合器自动连接。在该仪器中，待连接的末端在热气流中重新缠结在一起。该技术利用了羊毛的热塑性特性，黏合器棱镜类型、黏合时间和气压等参数需要根据纱线类型确定，保证黏合的成功率。羊毛纤维加热到一定温度后，其柔韧性增加，将纤维两个断头连接在一起后，将羊毛纤维快速加热到其玻璃化转变温度以上，纤维变得更柔软，因此更容易捻接。结果表明，热黏合法接头更结实，更不可见。

此外，冷空气捻接法也出现在纱线络筒工序中，研究表明，无论纱线类型或状态如何，羊毛纱线中的热风接头比冷空气接头具有更高的耐磨性。在机织过程中，冷空气接头的故障率最高。在织物检查过程中，热空气接头更难被发现。

四、并线工序的生产

在精纺纱线的生产中，经常需要将两条单股纺纱加捻在一起，以满足纱线、织物以及最终产品的最终要求，这个过程通常称为并线（如果有2根纱线，则为2并），倍捻或合股。为了将两股纱线合在一起，形成一股纱线，会事先利用设备将两股纱线卷绕在一个纱筒上，便于合股加捻，这种设备称为“并线机”，如图16-8所示。

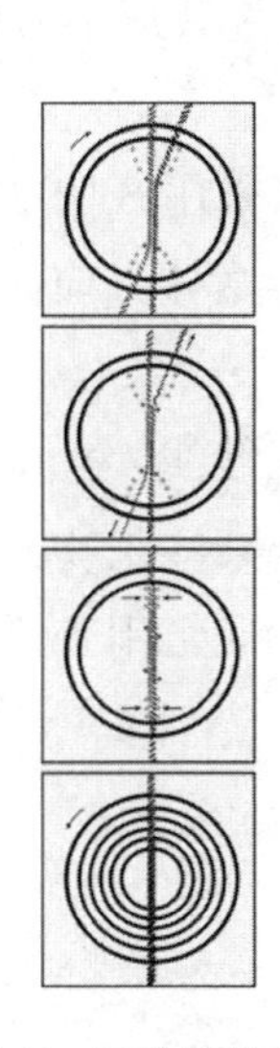

图16-7　双捻接法示意图

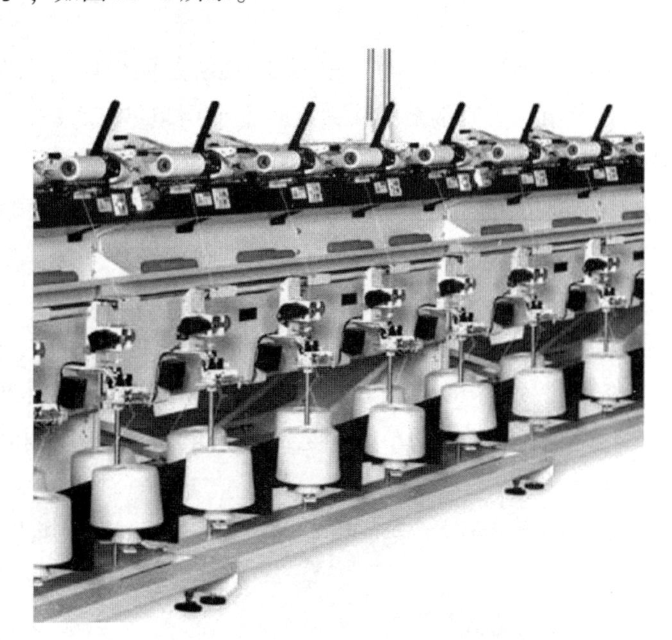

图16-8　Saurer AG（瑞士）并线机

要保证将纱线的两端以相等的长度缠绕到最终的纱筒上，每根线的张力调节至关重要，并且必须以相同的方式通过并线机。如果卷绕时两股纱线张力不匀，或者是进入并线机时，两股纱线进入的位置不同，会导致最终的加捻纱条干不匀，最终导致织物上产生可见的瑕疵。这道工序看似简单，在加工过程中，常常容易忽略日常维护和过程控制，无法确保两股纱线准确地合为一股。

第三节　加捻

一、加捻的目的及意义

单纱捻度和并线捻度的关系决定了纱线和最终织物的许多特性，这是设计纺织品时特别相关的问题。

加捻（并线或合股时）的目的主要有以下几点。

（1）股纱比相同支数的单纱具有更高的耐磨性，因此它们将更容易抵抗编织过程中的张力和磨损。

（2）将两根或更多根纱线并在一起可显著改善质量不匀，使纱线表面更规律，从而改善纱线的外观。

（3）纱线的拉伸性和均匀性也可得到改善。

（4）稳定纱线，使纱线不会发生自由捻动，并且不会在最终的针织物中造成螺旋现象或其他变形。

二、并线的设定

用于织造的纱线，特别是经纱，通常是使用加捻的股线，纬纱会使用单纱。圆形和单面针织物所用纱线通常是股线，有时也会用单纱。针织纱或手工编织纱通常会成倍合股（双股、4 股、8 股等）。

并线加捻方向通常与单纱捻度方向相反。例如，Z 捻的单纱合股时将采用 S 向加捻。这样可以稳定纱线中的纤维，增加纱线的蓬松性，并使单根纤维平行于纱线主体方向，减少纱线扭曲。

对于针织纱，合股的捻度设置一般为单股捻度的三分之二。对于机织纱线，捻度一般设置为单纱捻度的 75% 到 110%，根据精纺面料的外观效果进行选择。对于某些织物，甚至可以将股线的捻度方向与单纱捻度方向相同，得到较硬的高密度稀薄纱线，通常用于机织的绉组织织物。

双股纱需要再次汽蒸，以确保稳定的纤维结构，将脱捻，自由捻度降到最小。

三、加捻方式及设备

常用作加捻的设备主要有两种，分别为环锭捻线机以及 2 合 1 倍捻机。

1. 环锭捻线机

环锭捻线机的工作原理与环锭细纱机相同，如图 16-9 所示（图片由 NPTEL 提供），将要加捻的纱线通过环（不牵伸）送入纱筒，股线被缠绕到可移动的筒管或锭子上。这种机器效率较低，现在已经很少使用。

2. 2 合 1 倍捻机

该设备中间有旋转轴，两根纱线喂入后，两个纱筒围绕中间旋转轴高速旋转，在离心力的作用下，纱线连续围绕纱筒转圈，以此产生捻度，每旋转一圈，产生两个捻度。这类设备通常使用“倍捻络筒”的纱筒喂入纱线。

倍捻机如图 16-10 所示（图片由 NPTEL 提供），主要由纱筒、旋转轴、隔纱板、导纱器、紧纱罗拉以及纱线络筒头组成。

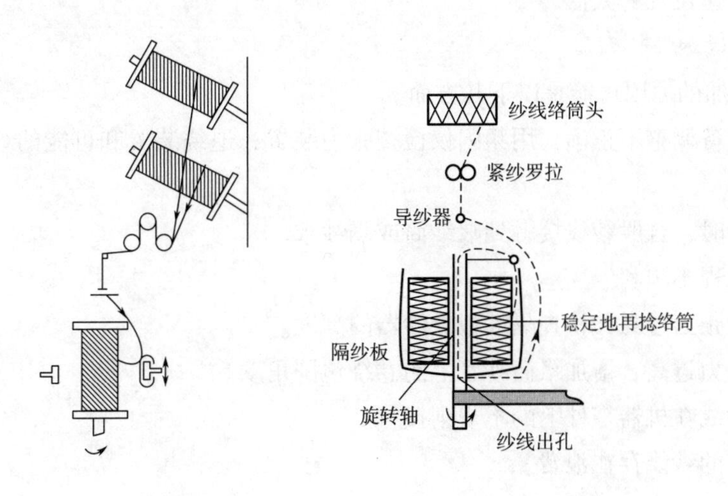

图 16-9　环锭捻线机　　**图 16-10　2 合 1 倍捻机**

纱线穿过锭子锭翼并向下穿过空心锭子，纱筒下面有个小孔，纱线穿过这个孔，在该处因为转向产生第一个捻度。纱线通过导纱器到达紧纱罗拉并卷绕络筒头，卷绕到络筒纱管上，因为转向，产生第二个捻度。

在该设备中，纱筒是保持静止的，锭子高速旋转。捻度的大小取决于锭子的转速与紧压罗拉的速度之比。

四、加捻中的实际问题

实际加捻过程中，可能出现捻度过多或过少、断头增加、纱强较小、络筒质量差、筒子内纱线排列密度不一或者筒纱成形不良等问题。

1. 捻度过多

纱线的捻度直接决定了纱线的强力，影响着纱线的外观结构，捻度过大，纱线的强力可能降低，纱线捻度过大的原因可能是以下几方面。

（1）齿轮选用不合理。

（2）紧纱罗拉传动机构被阻，罗拉速度降低。

（3）摩擦辊松动或损坏。

（4）底座压力太低。

2. 纱线捻度太小

纱线捻度过小，可能是由以下原因引起的。

（1）齿轮选用不合理。

（2）摩擦辊速度到主轴旋转速度不正确。

（3）纱线缠绕在主轴螺纹上。

（4）主轴制动器堵塞或脏污，致使旋转速度降低。

（5）锅轴承损坏。

（6）主轴转速设置的太低。

3. 纱线断头增加

纱线断头增加的原因可能是以下几方面。

（1）纱线储备调整不正确，用频闪仪检查张力装置，退绕装置和可能的纱线润滑是否有故障。

（2）在启动时，合股纱线接触到喂纱筒或隔纱板。

（3）合股过程不顺利。

（4）隔纱板张力过高，检查隔纱板导纱器的高度。

（5）紧纱张力过高，增加络筒纱管上的卷绕包围角度。

（6）检查纱线在机器零件上的不规则接触。

（7）转子中的纱线存在浪费。

4. 纱线强度较小

纱线强度损失可能是由于以下几个原因。

（1）纱线捻度较小。

（2）隔纱板接触到上边缘，用频闪仪检查隔纱板导纱装置的高度。

（3）纱线中存在松弛线圈，与纱线张力有关。

（4）不规则的隔纱板，用频闪仪检查纱线储备。

5. 络筒不良

络筒不良指的是络筒的筒子质量不好，可能由以下因素造成。

（1）如果纱筒变形，请确保已选择正确的预紧纱压力与卷装密度之比。

（2）检查防滑装置的样式选择以及横向导线装置的位置和孔眼尺寸。

6. 络筒中纱线的密度不同

检查筒子架压力的均匀性以及超喂罗拉上面的包围角大小。

7. 络筒成形不良

纱筒上图案有带状凸起，需要防图案变形设备。

操作人员应定期检查主轴、成形装置、纱筒架底端出纱口等地方是否有飞花、毛羽等污染物。

重要知识点总结

1. 纺纱后需要蒸纱，减少纤维的松弛，降低捻度回弹性。
2. 络筒工序是将纱线从纱管转移到筒子上，并去除纱疵。
3. 络筒加捻是为了使纱线合股，从而提高纱线强度、均匀度、外观和毛羽。

练习

1. 简述纱线松弛的定义及其对纱线质量的影响。
2. 如何解决纱线松弛？
3. 纱线捻接的方法有哪些？简述其工作原理。
4. 络筒后加捻的目的是什么？需要用什么设备加捻？
5. 加捻过程会产生哪些问题？

第十七章 纺纱质量保证

学习目标：

1. 理解纱线质量的重要性。

2. 掌握纱线细度不匀、纱疵、纱线拉伸断裂性能、毛羽、纱线耐磨性、可萃取物及颜色的检测方法。

3. 掌握出现纱锭质量问题时的解决方法。

4. 了解 SOP 手册。

第一节 纱线的质量意义及信息来源

纱线的最终质量直接影响着成品（纺织品或成衣）的物理性能、视觉效果、触觉手感及生物性能。

一、纱线质量指标及意义

纱线质量指标主要包括纱线细度（1公支以内）、纱管上纱线的排列、纱线均匀性、毛粒、纱线拉伸断裂强度及伸长率、纱线毛羽及纱线萃取物。现代测试程序可以为纺纱厂的创新过程提供有价值的信息，也可以作为纱线购买者选择、购买纱线的依据。此外，测试结果可以同步生产过程，优化成产流程，纠正生产参数，减少成本。

二、纱线质量的保证——信息来源

在纱线的生产过程中，可以在加工设备上直接取样测试，取样要求如下。

（1）测试的数据来源于日常采样和测试。

（2）在现代纺纱机上自动记录的千锭小时断头数（EDMSH），在老旧的设备上，如果必要，可以有操作员手动记录。

（3）纱疵在络筒设备上测试，即每千米纱线络筒的接头数，这个指标可以由纱线清除器自动记录，也可以由操作员手工记录。

在生产过程中，可以采用合适的质量保证程序（OA）分析单纱和股线的常规测试结果，以保证产品质量。

所有的纱线测试应在标准实验室条件下（温度为20℃，相对湿度65%）进行，且样品需要在此环境中静置达到平衡后再进行测试。

第二节 纱线质量的测试

目前，纱线的测试项目主要包括纱支和均匀性、捻度、拉伸断裂强力/伸长率、耐磨性及毛羽。

一、纱支和捻度

在纱线质量控制中有两个最重要的参数，即纱线的支数及纱线捻度。

1. 纱线的支数

粗支是指在1公支以内的纱支，细支是指2公支以上的纱支。纱线支数的测试仪器如图17-1所示，通过计算千米纱线的质量得到纱线的支数。

图17-1 缕纱测长仪

2. 捻度

通过测量解开已知长度纱线所需的匝数（转数）来确定捻度，单纱和股线需要单独测量。单纱捻度误差需要在±20捻/m以内，股线捻度误差需在±10捻/m以内。测试捻度的设备如图17-2所示。

图17-2 捻度仪

二、纱线条干均匀度

纱线均匀度（条干不匀率）是避免织物上出现不必要视觉变化的重要因素。使用乌斯特（Uster）均匀度测试仪（或同等测试仪）可以测试并计算纱线均匀度（包括纱线短期、中期、长期质量变化），以每公支纱线的平均重量变化（*U*%）表示。

1. 纱线均匀度测试

U%值是特定纱线成品的详细说明，并且此值必须在特定的公差范围内。乌斯特条干均匀度测试仪如图14-4所示。

乌斯特条干均匀度测试仪的测试原理如下：

（1）纱线在一组板式电容器中间穿过；

（2）板间羊毛重量的变化会引起电容值的变化；

（3）测量电容值的变化，并以此推导纱线质量的变化；

乌斯特条干均匀度测试仪可以测试纱线质量不匀率（$U\%$）、纱线粗结、细结和毛粒，指标取决于客户的要求。测试结果公信力较好，是纺纱厂与购买者交易的依据。测试时应保证测试环境的稳定性，样品的含湿情况及实验室环境的变化都会导致电容的变化，从而影响纱线质量测试结果的准确性。

2. 新型乌斯特均匀度测试仪

乌斯特公司研发了一种新型传感器（图 17-3 中的蓝光传感器）用于检测纱疵，原理类似于传统乌斯特条干均匀度测试仪上的电容器，可以测试纱线不匀率、粗纱不匀率、毛条不匀率和生条不匀率（1~12000tex）。

这款均匀度测试仪可以测量纱线的纱支、主体纱线的毛羽、纱线的直径和直径离散型、纱线的密度、纱线横截面形状、纱线中的杂质。设备中自带的软件程序可以预测机织物的性能、织物的外观（基于纱线均匀性）以及织物的起球性能。

图 17-3 新型 Uster 测试仪

三、纱线拉伸断裂性能

拉伸性能直接影响后续的加工过程以及面料的物理性能。强度和延伸性较大的纱线在针织或机织过程中断头的概率较小，能够减少停机次数，避免效率损失。乌斯特纱线拉伸强度测试仪如图 17-4 所示。

乌斯特纱线拉伸性能测试方法如下：

（1）将纱线从纱管或其他包装上退绕，喂入设备；

（2）操作者或设备机械手拽取一定长度的纱线，将其拉伸至断裂，测试纱线断裂时的负荷及断裂伸长率；

（3）重复步骤（2），直至获取足够的实验量；

（4）将第二个纱线样本移至测试位置，并重复步骤（2）、（3），直到测量出足够的样本为止。

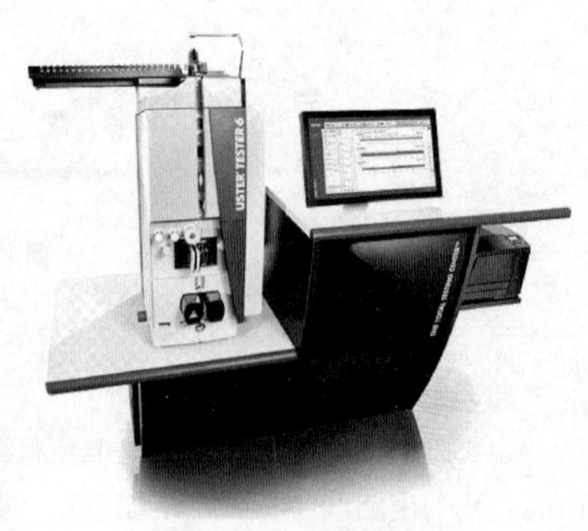

图 17-4 乌斯特纱线拉伸性能测试仪

测试方法的细节（如伸长率）会影响最终结果，这类检测方法可以引用到商业交易中。具有很高的伸展率的器械可用来模拟疲惫时的压力率。拉伸性能的指标应满足用户要求。

四、纱线毛羽

纱线毛羽测试结果可以反映纱线表面的性质。纱线毛羽影响最终产品的外观效果，过多的毛羽可能导致产品外观恶化。纱线毛羽测试即测试毛羽的长度，测试设备如图 17-5 所示。

纱线毛羽测试步骤如下：

（1）纱线穿过光学探头；

（2）毛羽可以阻挡光的传递，通过光学探头接收的光量计算毛羽指标。

光纤测试仪可以将毛羽分成三类：毛羽长度<3mm，3mm<毛羽长度<10mm，毛羽长度>10mm。这种测量结果不是绝对的，但可以比较同批次纱线的毛羽性能，找到纺纱性能有问题的锭子。

纱线毛羽指标是由顾客决定的，通常要求单纱最长的毛羽不超过 5.5mm。

图 17-5　纱线毛羽测试仪

五、纱线耐磨性

纱线—金属耐磨性测试采用纱线耐磨仪完成，纱线和金属导轨之间的摩擦力是通过记录在金属辊上拉动纱线所需的力来测量的，测试设备如图 17-6 所示。耐磨性测试值可以预测针织物编织的行为，也可以在较小程度上预测机织物的编织行为。

图 17-6　纱线耐磨性测试仪

耐磨性的变化对织物外观影响很大，因为其能导致织物表面不规则变化。耐磨性测试结果很大程度上会受到纱线结构及润滑剂的影响。例如，含酯型羊毛纱线的摩擦系数在 0.18 左右，不含酯型羊毛纱线的摩擦系数在 0.34 左右，后一种纱线在编织过程中，与设备的摩擦较大，易产生问题。

六、可提取物及颜色

1. 可提取物

在加工过程中，可能会有杂质残留在纱线上，例如，毛条加工或粗纺粗梳过重中使用的润滑剂，以及纺纱准备工序和方式过程中（针梳、牵伸或粗纺粗梳）使用的纺纱助剂。这些物质能够阻碍后道工序（针织或机织），甚至是加速纱线沾染尘埃和杂质。

粗纺纱线含油量会很高，这些油脂有助于羊毛粗纺过程中梳理纤维网，增加纤维网的凝聚力。

测试纱线中残留物最常用的方法是索氏萃取法，用二氯甲烷或石油醚进行萃取，从而得到残留物类型及数量，但很多地方法律禁止使用二氯甲烷和石油醚。最常用方法（IWTO-10）是对毛条进行测试，当然很多研究者也提出了其他的测试思路。

2. 颜色

颜色可以用分光光度计进行测试，在羊毛科技和设计课程的羊毛染色章节有详细描述。

七、锭子性能

锭子的纺纱性能直接影响着纱线的质量，如果纺纱锭子出现故障，纱线就不能按照工艺设计完成，寻找和定位纺纱性能不良的锭子时，下列方法可以借鉴。

（1）使用适当的标签和测试制度，以便在给定时间内对所有工序、纺纱锭子、络筒机头等进行常规测试。

（2）分析测试数据，辨别出现的质量问题是加工过程中普遍存在的问题，还是一个或几个位置（几个有问题的锭子或络筒机头）存在的个别问题。

（3）采取纠正措施，重新进行样品测试。

第三节　标准化操作程序

一、标准操作程序手册（SOP）

质量保证项目应包括详细说明所有标准操作程序的手册（SOP），包括用于质量控制采样和测试程序的标准化操作。所有操作者必须在一定程度上充分意识到他们在单位中所扮演的角色以及各自的责任和义务。所有员工还必须完全了解报告功能和作用。

给员工的文件要包含标准化操作手册和工作规范表，口头的交流也很有必要。所有员工必须遵守工作场所的健康和安全规范（WHS）以及相关说明。以毛精纺厂为例，标准的操作手册程序见表17-1。

表17-1　精梳毛纺厂操作程序手册

阶段	活动	负责人	负责人	文档
原材料	羊毛精梳部门收到羊毛最高质量报告，并与原毛测试相关联	QAD技术员	QAD负责人	原毛登记册
—	羊毛精梳报告显示生产主管批准	QAD负责人/生产负责人	QAD负责人	羊毛精梳报告

二、精梳毛纱的重量保证

毛条工序之后的纱线通常可以作为商品销售，纱线质量保证计划对于生产质量稳定的产品至关重要。具体生产实例见表17-2。

表 17-2　50 公支/1 针织毛纱质量控制参数

项目	指标
纱支/公支	±1
单纱捻度/（捻·m^{-1}）	±20
股线捻度/（捻·m^{-1}）	±10
Uster *CV*/%	最大 18.0
薄段/km	最大 160
厚段/km	最大 50
毛粒/km	最大 12
纱线毛羽	最大 5.5
纱线强力/cN	最低限度 140
纱线伸长率/%	最低限度 12.5
纱线—金属摩擦力	最大 0.18
总可萃取物	索氏萃取法测量值
颜色	分光光度计测量值

重要知识点总结

1. 需要检测的最主要的特征：纱线支数、纱管卷绕形式及质量变化（薄段、厚段、细结、接口）、捻度、捻度变异系数、拉伸断裂强力和伸长率、毛羽以及可提取物。

2. 纱线质量控制测试参数：纱支、捻度、均匀度、毛羽以及拉伸断裂性能。

3. 纱线细度不匀、纱疵、纱线拉伸断裂性能、毛羽、纱线耐磨性、可萃取物及颜色的测试意义及检测方法。

练习

1. 表征纱线质量优劣的参数有哪些？

2. 如何测试纱线的支数和捻度？

3. 纱线均匀度对纱线质量有何影响？简述其测试方法。

4. 如何测试纱线的毛羽？

5. 简述纱线—金属耐磨性测试的目的及操作步骤。

6. 常用检测纱线中可提取物的方法是什么？这种方法有什么弊端？